從購物、教育到醫療，
VR／AR商機即將顛覆未來的
10大產業！

虛擬實境 Virtual Reality 狂潮

曹 雨——著

〔推薦序〕
透過虛擬實境，歡迎來到大體驗商機時代

李勁葦（TripMoment 時刻旅行執行長）

　　虛擬實境，無庸置疑是 2016 年最火紅的話題，被認為是繼智慧型手機之後，下一個即將顛覆這個世界的技術。它代表的不只是又一個商用化的新科技，它代表的，是我們終於可以開始透過科技傳遞「體驗」、傳遞「感受」、傳遞「想像」。就如同許多科技評論所說的，「虛擬實境」是終極的「同理心傳遞工具」（Ultimate Empathy Machine）。而這帶來的機會與商機，不管對任何產業而言，都是有史以來最龐大的。

　　就以我們時刻旅行的親身經驗來說吧。時刻旅行創立於 2013 年，我們從 2014 年年底開始著手虛擬實境製作。我們創立的宗旨，是希望能透過科技的手段連結在地文化、設計，提供更好的旅行體驗，為旅客創造獨一無二的「Magic Moment」。所以當我們遇到虛擬實境時，我們馬上就意識到，這是一個足以天翻地覆改變旅遊產業的技術！

　　相信許多人都會有這樣的經驗：我們去一個國家旅遊，

看了許多風景，體驗了許多在地風情，旅遊體驗所帶來的感動充滿著內心，我們有一種衝動想跟自己的家人或好朋友分享。過去我們能做的，就是寫文章附上照片放在網路上，偶爾再搭配一小段影片，然後希望看到的人能跟我們有同樣的體會。然而文字帶來了太多想像，照片只能拼湊出旅途中某些時刻瞬間，而非受過專業影像訓練出身的你，又難以拍出令人感動的影片。

你多希望能讓你的朋友也親臨現場，一起跟你體驗你這趟旅行中感受到的種種難以忘懷的旅行時刻。在過去，透過文字、照片、影片這些主流的媒介，你都難以做到這件事。但是當虛擬實境技術漸趨成熟，這一切都不同了！你可以透過虛擬實境，讓你的朋友體驗站在非洲大草原的感覺；你可以透過虛擬實境，登上需要經過重重訓練，克服體力、耐力的極大挑戰才可以登上的喜馬拉雅山；你可以透過虛擬實境，瞬間移動到法國塞納河畔，在河邊喝一杯咖啡體驗法式風情。

當你可以透過虛擬實境「親臨現場」，體驗、感覺、氛圍，這一切抽象的感受，都盡在不言中，真真實實地傳遞了出去。

然而，虛擬實境在旅遊的應用上，卻不是如上述這般容易。如同本書中所提到的，虛擬實境當下仍然遇到許多

難題，不論是在軟體面、還是硬體面。同時，虛擬實境發展的速度也如此飛快，或許當讀者們收到這本書時，許多知識在這短短一兩個月間，已經發生了天翻地覆的改變。在使用者體驗方面，不像文字成熟發展了幾千年，照片成熟發展了一百多年，影片成熟發展了數十年。對於才剛萌芽的虛擬實境而言，什麼是好的使用者體驗，到目前為止還沒有一個決定性的標準。每隔一段時間，大家對於虛擬實境體驗的理解，又會再翻新一次。

▶ 不只置身景點，更要創造互動：Follow Me 的成功案例

以我們時刻旅行發展虛擬實境的過程來說吧！一開始我們到處拍攝台灣各個景點的虛擬實境影片（這也是大部分虛擬實境旅遊團隊一開始的出發點），認為透過虛擬實境，可以讓我們的用戶彷彿身歷其境地置身這些景點，這感覺應該很棒吧！然而，結果卻沒有人對這樣的虛擬實境體驗感興趣，因為只看景點實在是太無趣了！他們無法互動、沒有人跟他們對話、無法碰觸場景中的元素，而且跳過旅途中的其他過程直接到達這些景點，對觀眾而言就失去了一些意義，缺少了一些感動。

於是我們發現，只看景點的虛擬實境，對旅遊體驗而言是遠遠不夠的！因此，在下一個版本之中，我們為觀眾在虛擬實境裡面設計了一些不一樣的體驗和元素。我們找來一個女主角扮演觀眾的女朋友，牽著觀眾的手去遊覽台灣各個景點，她會在這些景點跟你講講話，簡單介紹這些景點，營造淡淡的約會戀愛氛圍。這個版本一推出便廣受歡迎，成為時刻旅行在虛擬實境裡面最出名的系列——「Follow Me 跟我走」。這個在 2015 年年中推出的作品，直到今天，仍是許多虛擬實境同業會參考模仿的範例。

不過，即使這個版本大受歡迎，我們仍然發現了許多問題有待克服。例如，行走時的上下晃動，對使用者在體驗上造成的不適（本書也有提到所謂的動暈症）；製作上接合的時間同步、人工合成影像造成的沉浸感破壞，以及互動性仍然不足……等等問題。

當各位讀者在看這本書時，我們正在製作下一個版本的虛擬實境旅遊體驗。從硬體的搭配到軟體的使用、體驗設計等等，這段時間都有了許許多多的變革。我們有信心能在虛擬實境旅遊的體驗上，再創造出一個新的標竿。

當然，不只是旅遊。虛擬實境在直播、購物、房地產、社交等等領域，都有很大的發展潛力。只要你的產業與「人」有關，與「人的體驗」有關，與「傳遞情感」有關，

虛擬實境都會是一個你不能錯過，且將如同智慧型手機，成為未來主宰這些產業的工具。

　　歡迎來到一個大體驗商機的時代！在這個變化萬千的體驗商機世界，有太多太多的東西需要我們及時跟上，需要我們去理解。希望各位讀者能透過這本書，有個初步的入門理解，別缺席這場繼智慧型手機之後，難得的產業盛會！

〔推薦序〕

搶攻虛擬世界大商機

李鐘彬（數位宅妝總經理）

　　我時常會在私底下與同事開玩笑時，提到一個比喻：「二十年之後出生的孩子會問你，聽說你們以前都是從一個長方形的設備上看影片？」

　　不久的未來，人類的視覺五感將不再僅僅受限於眼前的一塊玻璃成像而已。人與數位資訊的介面，從一開始的鍵盤、滑鼠到滑手機，到未來可能會是對著空氣用手勢和語音來與人工智慧互動，我們可以大膽地預測，VR/AR 必定是未來 10 年內最具革命性的資訊介面，可以預見，未來的 VR/AR 內容一定會比現在的網頁更多，未來像蘋果一般可以提供使用者優質體驗的硬體也一定會出現，虛擬世界在未來將成為顯學，所以現在不過是 VR/AR 技術及商業模式發展的早期市場。

　　以大家最時興的時期分類來看，儘管 VR/AR 技術已經發展數十年，但不過也應只是 VR/AR 1.0 的時代。不論是在最領先的 VR/AR 影視遊戲、直播、教育、工程等應用領域，或是數位宅妝（iStaging）所專注的 VR/AR 房產家裝及

設計的應用，各種商業模式的推陳出新，將來都會如雨後春筍般地目不暇給，各項垂直行業應用也都還有出現「獨角獸公司」的無限可能。

　　本書作者曹雨總結了許多國際與中國大陸的 VR/AR 發展趨勢，全球已有多家投資機構如高盛、野村證券等對於未來擴增實境（AR）和虛擬實境（VR）產業產值做出預測，其中 Digi-Capital 預測，2020 年 AR 和 VR 市場規模在 2020 年分別可達到 1,200 億美元和 300 億美元，合計 1,500 億美元，遊戲、電影、主題樂園等娛樂市場會是最大宗的行業應用。以數位宅妝多年的開發經驗，VR/AR 產業是更需要跨領域、跨產業投入的新型態科技服務產業。

▶ 發展跨業種的策略夥伴，一起打贏 VR/AR 世界盃

　　數位宅妝是全球化的 VR/AR 內容管理平台，提供 VR/AR 技術及內容開發者都能運用的 3D 內容自動生成及分享的平台服務。而數位宅妝的企業定位，是能為所有 VR/AR 房產居家設計及文旅內容的業者增值，而非競爭者的角色。

　　數位宅妝一開始發展時，即以「一秒預見家的夢想」為主要訴求，主要是運用本身擁有多項跨國專利的穿越實境技術——即包含了擴增實境、虛擬實境的「混合實境」

技術（Mixed Reality，MR），帶領使用者進入不受限於數位世界的全新體驗介面，借助從 2D 轉 3D 的專利技術，巧妙地讓使用者體驗數位世界與類比世界的融合，進而透過使用者創新，以科技協助企業用戶的服務升級。

高盛預估在 2025 年，全球虛擬實境房地產產值將高達 26 億美元，創造至少 30 萬的建築房產專業用戶。數位宅妝提出創新商業模式，透過 VR/AR 技術串連房地產、仲介、家具及設計等產業生態系。數位宅妝除了已推出的 iStaging HOMETM、iStaging VR MakerTM、iStagingTM 等 APP 服務為平台入口外，更積極發展全球市場行銷與跨領域的策略夥伴，合作爭取打這場 VR/AR 世界盃的入場券。

目前，數位宅妝已在全球 25 個國家中具有市場通路，並且陸續在美國、歐洲、中國大陸、東南亞及印度等地與國際知名電信商、全球科技大廠、互聯網平台公司等策略夥伴共同設立全球體驗中心，讓更多不同區域的用戶了解數位宅妝的虛擬世界體驗。這些跨領域業者也正如本書所提到的，因為 VR/AR 的發展，而逐漸跨業聚合在一起。過去許多新創企業難以觸及的科技大廠，也開始走進市場與新創公司合作發展生態系、構築產業聯盟，各種商業模式的探索都在跨領域業者策略聯盟合作互相撞擊的火花中產生。

　　《虛擬實境狂潮》帶給我們的不僅僅只是現實世界中正在發生的商業現象，更多的是對虛擬世界的未來想像，增添了許多深度與厚度，讓我們能更理解這個世界如果多了 VR/AR，會有哪些革命性的改變。本書綜合了許多在現階段已經看到虛擬世界商業模式的發展雛形，而眼下的科技龍頭們也都朝向不論是 AR 或 VR 技術的虛擬世界，去發展不同的應用服務。

　　未來還有更多潛藏在虛擬世界領域未知的商業模式有待發掘，而這些商業模式絕對是打破現有科技想像的破壞性創新。正如同標題所言，虛擬世界大商機正等待著人們來發掘及攻占，我也期待有更多的夥伴一起來競逐這場虛擬世界的世界盃，分享新的經濟成長動力！

〔推薦序〕

虛擬實境 X 體驗經濟，打造無限想像與可能

楊宗翰（Futuretown 執行長暨共同創辦人）

楊宗翰（Futuretown 執行長暨共同創辦人）

　　虛擬實境（VR）技術隨著現代科技的改變與發展逐漸普及，近年來 Facebook、Google、微軟（Microsoft）、HTC、索尼（Sony）、三星（Samsung）等國際知名大廠，都相繼積極地布局，搶進虛擬實境領域。「虛擬實境」成為當前最火紅的科技名詞，而今年（2016）更堪稱是虛擬實境的元年。你／妳是否能想像在未來的某一天，我們不單單只是透過相片或影片回憶過去，而是戴上頭盔，彷彿搭乘時空膠囊瞬間回到當時的情景；或是穿越時空奔馳在無遠弗屆的非洲大草原上、在南北極感受浩瀚宇宙創造的美景；又或者在遊樂園區，不再只是坐在驚悚的雲霄飛車裡，而是跳脫現實世界，沉浸在另個時空體驗重力加速度的快感？

　　關於虛擬實境（VR）最初的描寫，可追溯到二十世紀的科幻小說，然而卻直到消費級的虛擬實境設備 Oculus Rift、HTC Vive 及 PlayStation VR 出現，並伴隨著近日的軟體與硬體科技演進、快速成長的手機產業、國際大廠的投

入與資金的湧入後，虛擬實境（VR）與擴增實境（AR）才逐漸又被眾人發現與重視。

▶ 從體現想像到豐富想像，看 VR/AR 如何改變世界

在經濟學角度下看這兩項技術的未來發展，你／妳可曾聽過「體驗經濟學」（Experience Economy）？「體驗」是一種創造難忘經驗的活動，消費只是一個過程，當過程結束後，體驗的價值往往遠高於任何商品、服務，而你我的記憶將永遠存在。

目前，虛擬實境與擴增實境的設備並非一般大眾皆能負擔且達到一定普及的階段，今日虛擬實境的體驗，很難透過幾句言語或是幾段畫面來完整表達與傳遞，許多人因此錯過編織美好回憶的機會。體驗經濟的理念，讓我們能依照自身喜好選擇體驗，在有限的花費下製造無限的可能。

Futuretown 在 2015 年初與 HTC 接觸後，便積極參與研發虛擬實境相關軟體應用內容，並於 HTC Vive 上市的同時，推出三款熱銷的虛擬實境遊戲《雲間幻境：VR 迷你高爾夫》（*Cloudlands: VR Minigolf*）、《金波超人》（*Jeeboman*）、《A-10 VR》，搭配 HTC Vive，讓玩家在有限的空間裡衍伸出無限的樂趣。

今年（2016）東京電玩展，Futuretown 舉辦全球首場記者會，發表虛擬實境動態模擬平台 Totalmotion。為了讓使用者更能身歷其境，以全新概念的動態模擬器，360 度的3D 內容影像結合觸感、動感、風和水的 5D 特效，讓玩家體驗最逼真的虛擬實境遊戲。

結合虛擬實境與現今的體驗經濟理念，Futuretown 志在打造一個適合所有年齡層的虛擬實境環境，帶領使用者進入更高層的體驗，增加互動感（Interactivity）、沉浸感（Immersion）及想像空間（Imagination），進而創造出前所未有的驚奇。

過去幾年裡，虛擬實境的潛在影響力，已從有形的遊戲產業擴展至無形的商業之中，目前其應用從娛樂、教育廣至醫學與軍事訓練等皆有。台灣學術及產業界在虛擬實境全新的開發環境下，其實擁有許多軟硬體方面的優勢，但目前為止仍然還不夠積極參與，相較之下，美國及中國等投入在這塊領域已遠超於台灣。雖說如此，慶幸在今年（2016）初虛擬實境的發展在國內逐漸萌芽、燃燒，其相關的活動及課程更是以多元、豐富的方式相繼呈現，讓國人能在短時間內一同吸取多年累積的經驗與精華。

《虛擬實境狂潮》這本書，淺顯易懂地將虛擬實境最原始的面貌，從無窮的想像演變到今日開花結果細膩地記

錄下來。作者不僅在不同領域下分析虛擬實境的應用，也讓讀者了解現階段虛擬實境開發所帶來的挑戰及風險。未來，虛擬實境的發展將會帶給人類多大的驚喜與震撼，是一件多麼令人興奮與期待的事！虛擬實境體現想像的世界，而擴增實境則是豐富了生活的想像，國際間對未來 VR/AR 的技術應用與衍生有著很大的期許，你／妳是否準備好迎接 VR/AR 為這世界帶來的改變了呢？

〔推薦序〕
十年後，虛擬實境會帶來截然不同的一切

蔡舜豪（資策會產業推動與服務處經理）

2016 是 VR 元年，這句話不知道已經被引用了多少次。

回顧 2015 年，直到該年度的最後一天，這地球上許多人還不知道 VR（Virtual Reality 的縮寫，虛擬實境）是什麼，更遑論常與 VR 被放在一起討論的 AR（Augmented Reality，擴增實境）。

直到 2016 年一月份的 CES，讓 VR 的話題像是宇宙開拓般地爆炸開來，就連本土連續劇都會把 VR 的話題加入劇情當中。科技大廠紛紛尋求合作夥伴，中國地區的加速器、新創基地等，大大小小的 VR 裝置都浮出檯面。但是，社會大眾對於虛擬實境總是會有一些錯誤的想法：

第一，虛擬實境不是僅用於遊戲的用途。的確，遊戲會是虛擬實境發展最快速、也最成熟的一個產業，遊戲的重度玩家也會讓 VR 的裝置擁有既有的基本盤。同樣地，開發虛擬實境的內容，也是類似開發遊戲的作業流程，VR 的確在某些程度上是與遊戲有相當大的結合。加上家用遊戲主機大廠索尼（Sony）推出 PlayStation VR，也會加速遊戲

產業的「VR 化」。

　　但是，遊戲並不是 VR 唯一的出路。本書作者詳盡介紹了虛擬實境未來將大有可為的產業，如醫療、房地產、出版、教育等。

　　第二，VR 產業不等於 VR 硬體設備。曾有個財經記者訪問 VR 開發工具廠商代表，題目是：「請問看好 VR 兩大陣營當中的哪一個？」這句話顯示出了，大多人心中的 VR 就等於是虛擬實境頭顯裝置（VR Head Mounted Display），所以兩大陣營代表了 Oculus 與 Vive。

　　事實上，VR 是無法以硬體裝置來代表整個產業的。虛擬實境產業，除了硬體，內容端（軟體）也是極為重要的部分。可惜的是，台灣是個硬體設備強大的國家，財經媒體也大多報導硬體的裝置訊息，因而忽略了內容端的重要性。

　　多年前，任天堂公司曾推出一款名為「Virtual Boy」的家用電視遊樂器，可惜的是，最後僅推出十幾款的遊戲，該產品就宣告下市。

　　很清楚的一個例子就是 4K 電視，前陣子有個電視廣告宣稱，買車就送 4K 電視。但是在沒有 4K 節目的狀況下，擁有 4K 電視也僅僅是擁有一個印有 4K 標示的 HD 電視機而已。

　　同樣地，沒有 VR 內容的 VR 設備，甚至連 4K 電視都比不上（4K 電視至少還可以看 HD 內容）。

　　更明顯的一個例子，就是在智慧型手機發展的路程上，

Apple 的 iOS 系統，以及其他廠商的 Android 系統。各位還記得微軟也有推出 Windows Phone 嗎？微軟深深地了解需要內容端來輔助硬體的銷售，因此在起步較晚的 Windows Phone 上，微軟曾經投注大量的資源協助內容 App 的開發，但最後仍因為內容發展速度不及其他兩大陣營，而漸漸淡出智慧型手機的市場。

▶ 搭上全球趨勢，而不只盲目地跟風

因此，若要我解讀「2016 是 VR 元年」的這句話，我會認為，VR 的開端，是開始於 VR 的內容技術，而非硬體。iPhone 問世已經超過十年的時間，現在回頭去看 iPhone 一代，現在大概不會有多少人還願意使用。但是 iPhone 一代帶給我們的，是智慧型手機的開發概念，以及內容開發的技術演進。同樣地，十年後再來看 HTC Vive，或許我們會得到類似的感覺。

虛擬實境的技術，或許還不甚成熟，但這確實是一個全球的趨勢。要如何搭上這個趨勢，而不是盲目地跟風，本書的確是一個入門者非常好用的工具。從 VR 硬體的分析（Oculus、Vive、Playstation VR，以及中國地區百家爭鳴的狀況，乃至於行動 VR 設備等）、內容應用平台、VR 的技

術分析，甚至到較少人討論的 VR 3I 概念以及 VR 的群眾募資平台介紹，非常鉅細靡遺地分析與整理了這一年來 VR 大爆發之後的演進。

當然，除了 CG（Computer Graphic，電腦圖學）的 VR 之外，本書作者也介紹了許多實拍 720 度影片的相關內容，著實把 VR 的現況很誠懇地做了分析。最後，就是 VR 的應用領域。VR 的應用絕對不僅止於書上所列，只要發揮創造力、想像力，所有產業都有 VR 的發揮空間。

更難得的是，本書作者跳脫傳統以硬體角度看虛擬實境產業的面向，而詳細地介紹了製作 VR 內容所需要的軟體工具，如3D建模的技術（3ds Max、Maya、Converse3D等）、遊戲引擎（Unity、Unreal、Virtools 等）與介面開發工具等。

VR 元年，代表了一個新的里程。

這不僅僅是 VR 硬體的發表，而是 VR 技術的演進，更是利用 VR 來說故事的開端。傳統的平面顯示內容，觀眾可以很容易地融入導演、編劇希望呈現的內容。利用 VR 來說故事，不僅僅增加了觀眾的沉浸感，更挑戰了編劇、企劃等人員的專業能力。請容我在此說，虛擬實境的產業，十年後絕對不同於目前你所看到的一切。硬體規格會進步，內容開發會更多元。

就讓我們用此書來開啟一個新的未來吧！

〔推薦序〕

點燃下一個世代的科技火種

謝京蓓（台灣虛擬及擴增實境產業協會秘書長）

　　隨著無線寬頻和行動裝置迅速普及，迅速帶動起行動上網和萬物互聯的興起，至此我們的真實生活開始密切與虛擬世界／平台緊密交集，從網路社群、即時影音直播、到電子商務與行動支付等，以往諸多現實生活中的人類互動，現正迅速地轉移到虛擬平台上發生，對於年輕人來說，其在虛擬社交平台中的人際網絡、聲譽累積，更甚於真實世界中的影響力，因此，對於年輕一代，虛擬世界比起他們的現實生活，更顯「真實」。

　　近年虛擬實境（VR）／擴增實境（AR）的技術興起，更進一步改變了我們處於虛擬世界的體驗感受：從以往平面180度的視覺觀賞，變成身歷其境、360度全景的空間體驗，這使得兩個世界（虛擬、真實）得以同時並存，並且緊密發生資訊傳播、交流、分享的互動。以往電影、小說創作家腦袋中虛實空間的交合重疊，如今透過 VR/AR 科技完全發生。

　　VR/AR 科技帶來的影響不止如此，VR 科技更能創造

出超越時間、空間的真實感官體驗：在 VR 虛擬空間中，藉
著高擬真的動畫技術，可充分還原過去的歷史文物與事件
景況。此外，VR/AR 科技深深影響、顛覆著各行各業和使
用者的互動方式，涵括了娛樂、影視、旅遊、教育、醫療、
教育、零售、房產等等，本書特別精選了十大產業做了詳
細說明，相信讀者們讀完後將獲益匪淺。

　　此外，VR/AR 也成為全球各國企業、政府積極搶進投
入、培植的創新技術與市場之一。根據國際研究暨顧問機
構顧能（Gartner）在 2015 年 8 月發布的新興技術成熟度曲
線圖，VR 技術剛度過了幻滅期的低估，走進了持續發展的
爬坡期，距離成為社會主流產品至少 5 到 10 年。

　　另外，知名研究機構 Digi-Capital 與 Tracxn 的調查統計
出，近八年來全球 VR/AR 的投資規模高達 30 億美元，而
新創公司總數高達 1,100 多家。有鑑於此，各國大廠莫不
積極布局 VR/AR 領域，包括了美國的 Facebook、Apple、
Google；韓國的 LG、三星；中國的騰訊、阿里巴巴、百度、
京東，以及台灣的 HTC、宏碁、華碩、微星等。

▶ VR/AR，蔓延全世界的燎原趨勢

　　各國政府對於 VR/AR 產業的支持，又以中、韓國最為

積極：中國從中央到地方政府均動員起來，包括工業和信息化部、國家發展和改革委員會將 VR/AR 納入智能硬件產業創新發展專項行動；文化部鼓勵遊戲／游藝設備生產企業積極引入 VR/AR 技術；住房和城鄉建設部鼓勵使用虛擬實境技術；商務部、發改委、財政部聯合發紅頭文件，鼓勵進口虛擬實境等服務；國務院發文要求推動虛擬實境的產品化、專利化、標準化等等。

地方政府方面，從北京、上海、深圳、福州、西安、南昌等各市／區政府，攜手當地大企業共同推出 VR/AR 基地、園區，從新創育成、龍頭企業扶植、海外企業對接、專項資金成立、人才訓練等各方面，均制定出具體、清楚的推動方案。

此外，韓國對此也不遺餘力：韓國總統簽發 3,580 萬美元 VR/AR 專項基金，將專門投資 VR/AR 方向的遊戲公司、主題公園公司以及教育資源公司；韓國文化體育觀光部也召開貿易投資振興會議，聯合未來創造科學部、企劃財政部、產業通商資源部等政府部門，跨部會共同推出 VR 領域的相關政策。

綜合上述，VR/AR 儼然成為數位經濟中重要的創新科技之一，與金融科技（Fintech）、大數據（Big Data）、機器人等發展、研究投入同等重要，並對我們的商業、生活

產生絕大影響，看到此重要性，台灣第一個 VR/AR 產業聯盟與商業社群「TAVAR」協會也在今年成立，連結台灣產官學研資源，強化台灣業者與國際群雄的競爭力。

　　人類於遠古穴居時期發現了火種，對火的好奇和探索讓人改變了生活方式和促成冶鐵的發明，因此進入到農耕、工業時代。若人類當初發現火種時，對其畏懼大於好奇，進而撲滅火種，那麼我們的一切科技文明和現代生活方式將會大大改變。VR/AR 就是新世紀的「科技火種」，我衷心期盼讀者在閱讀完本書後，不僅對於 VR/AR 科技產生完整、全面的認識，更能激發出您們對於此科技的應用和產品發明的想像，積極投入讓此火種燃燒旺盛，開啟下／次世代的科技躍進與人類社會轉型！以此期勉之。

〔推薦序〕

跨界打造 VR/AR 生態圈，激發更多創業機會

蘇孟宗（工研院產業經濟與趨勢研究中心主任）

自從 2011 年由 18 歲的帕默‧拉奇（Palmer Luckey）在 KickStarter 募資 160 萬美元，成立 Oculus VR 公司，三年後由 Facebook 以 20 億美金併購，就開啟了資本市場以及科技大廠對虛擬實境（VR）應用的關注，預估到 2020 年，整體 VR 市場規模將成長到超越 1,200 萬台裝置，含應用服務約值 220 億美金。而原本沉寂一陣子的擴增實境（AR），也因為《精靈寶可夢》自今年在美國開台之後，已創下多項 App 下載紀錄，超越 2013 年的 Candy Crush，成為擁有史上單日最活躍用戶數的手機遊戲。我們預期，VR/AR 應用將有助於創造下一波的產業商機高峰！

社交龍頭 Facebook 執行長馬克‧祖克柏（Mark Zuckerberg）在 2016 年 3 月北京論壇上，暢談虛擬實境的未來，並認為 2016 年是「消費級 VR 元年」，繼電腦和手機之後，VR 將是最有架式的下一個候選人！而中國動畫電影《小門神》，於 2016 年元旦上映時推出了 VR 預告

片，讓觀眾置身於電影中不同的電影場景，還可以透過轉頭、抬頭、轉身等動作，看到影片中 360 度的場景。除了Google、Facebook、微軟、三星、HTC、索尼等科技大廠，阿里巴巴等電商巨頭，旅遊業者、電玩業者與房仲業者，更紛紛投入 VR/AR 應用的大商機。

值此 2016 年的 VR 元年，非常感謝商周出版發表《虛擬實境狂潮》一書，蒐集眾多 VR 案例來探討虛擬實境的過去、現在與未來，涵蓋發展背景、當前現狀、熱門應用、面臨問題、未來趨勢等，鉅細靡遺地介紹這個前景浩瀚的技術及虛擬實境領域應用，並提出會被虛擬實境顛覆的 10 個產業，但是其實這些「未來 VR+ 產業」也是契機所在。

例如，10 個「未來 VR+ 產業」之一有「旅遊美食」，使用 VR 可以讓遊客更直觀地了解景點資訊，大幅豐富了旅遊資訊化的內容，也可以減少了出遊的風險和負擔，提供不限時間的細緻旅行體驗。工研院產業經濟與趨勢研究中心（IEK）曾在 2013 年做過以 AR 讓使用者增加場景資訊，調查旅遊者對於「線上旅遊」（Online Tourism）的興趣，研究結果發現有 70％旅遊者會對「行前體驗」的功能有興趣，有 66％旅遊者會對「遠距觀光」有興趣，如今 VR 的演進將加速透過多媒體系統與相關技術的整合，讓遠端使用者達到身歷其境的體驗。

 VR 結合 ICT 優勢，打造台灣轉型升級的新契機

台灣過去在電腦和手機遊戲已經形成遊戲軟體產業，也在電子零組件硬體，如 IC、晶圓製造、封裝、通訊、顯示器等有堅強的產業群聚，除了 HTC Vive 有自行開發完整的 VR 系統，並經營名為 Steam 的線上遊戲平台，已成為全球三大 VR 產品；此外，宏碁（Acer）與遊樂園開發業者合作開發高階系統 StarVR，華碩（ASUS）也將推出搭配手機的 Mobile VR。另外台灣廠商也積極投入 VR 的供應鏈：頭盔、顯示器、攝影機、控制器、內容開發等。

多年來台灣在科技研發及產業推動上，政府各部會一直有投入與體感科技相關的應用研究，如智慧手持裝置與智慧物聯網等領域，未來則會強化與 VR/AR 相關應用之主題式研究計畫，包含發展數位內容、融合消費者的體驗和應用、與地方政府結合的年輕人創新基地等。新政府力推的亞洲‧矽谷創新產業計畫，則規劃未來將依照創新應用類型，建立不同規模的 VR/AR 等應用的全台示範場域，讓業者可以建立實驗聚集地。

最後，台灣雖然已錯失互聯網商機有 20 多年之久，未來還是可以掌握 VR/AR 的新經濟模式，創造產業轉型升級之新契機：善用台灣的 ICT 硬體優勢，發展相關之軟硬整

合系統平台，可以將相關的嵌入式軟體結合專用處理器及3D 封裝技術，打造獨步全球的 VR/AR 系統載具，其中也要與關鍵國際夥伴結盟或併購。

　　將來，VR/AR 的商場爭奪戰還是要以人為本的應用內容稱王，應用內容的豐富性與實用性是成功關鍵，所以台灣廠商未來發展應用內容，最好選擇融合在地文化特色的應用情境，要能槓桿台灣與中華文化歷史有淵源的故事與人物，如故宮典藏物、武俠小說等，並透過海外合作夥伴行銷國際市場。

　　透過整合 VR/AR 與台灣擅長的 ICT 科技，在購物中心、風景區、博物館、主題樂園、動物園、觀光工廠等文化休閒景點，建立實地消費體驗的試驗場域。

　　利用公私民合作夥伴機制（Public-Private-People-Partnership，4P）的公民，包含民眾、學校、法人及公益團體，結合跨界打造 VR/AR 使用者應用生態圈，可以培養年輕人團隊經營試驗場域及社群互動，還能提供年輕人創業機會。

目錄 | CONTENTS

〔前言〕

Google、Facebook 等科技龍頭的對決新戰場

　　根據當前科技的發展規律，每 10 到 15 年會誕生一個新運算平台，比如從個人電腦到智慧手機，再到平板電腦，下一個是什麼？不僅矽谷，全世界都在尋找答案。作為當前最為火紅的創投領域和科技話題，虛擬實境承載了人們對未來的一種期許，它不但能改變人們與外界的接觸方式，也極有可能就是大家熱切盼望的下一代運算平台。

　　2016 年 3 月在北京舉辦的「中國發展高層論壇 2016 年會」上，社交龍頭臉書（Facebook）執行長馬克・祖克柏（Mark Zuckerberg）暢談虛擬實境的未來，並認為 2016 年是「消費級 VR 元年」。根據他的預測，在未來科技發展的過程中，虛擬實境和擴增實境（VR/AR）將是當中極為重要的一部分。可以預見，隨著技術的發展，虛擬實境設備在不久的將來會像智慧型手機或平板電腦那樣，可以隨身攜帶，更有望取而代之，成為下一代運算平台。

　　在虛擬實境產業中，2016 年是特殊的一年。無論是 2016 年年初的美國最大國際消費性電子展（Consumer

Electronics Show，CES）、世界行動通訊大會（Mobile World Congress，MWC），還是當年 4 月份召開的漢諾威工業博覽會，虛擬實境始終都是關注的焦點。人們不僅深受 Facebook、Google、HTC 和三星的創新產品吸引，還有騰訊、阿里巴巴、百度以及諸多娛樂和影視公司的內容支援。這不但提供創業者大量崛起的機會，也為更多的消費者帶來了便利與想像。隨著 Oculus Rift、HTC Vive 和索尼（Sony）PlayStation VR 的消費者版本相繼發表上市，技術日趨成熟，加上內容和應用的增加，VR/AR 即將改變你我生活的每一個層面，而絕不僅限於娛樂、影視、遊戲等層面。

　　虛擬實境如此熱門，但大多數人卻只能透過網路上或新聞中的片段訊息了解它，這些資訊不僅過於零碎、缺乏深度分析，對想了解該趨勢或產業的人也沒有太實際的幫助。本書從消費者角度出發，為讀者帶來虛擬實境領域的深度剖析，並介紹虛擬實境的發展背景、當前現狀、熱門應用、面臨問題、未來趨勢等，向對該產業感興趣的讀者綜述虛擬實境的相關知識，揭開虛擬實境的神祕面紗，剖析該產業中可能的創業機會。

▶ 全書布局

　　本書共有 9 章，一開始講解虛擬實境的當前現狀和發展情況，告訴人們虛擬實境到底是什麼；接著說明當前虛擬實境面臨的問題、產品的選購；最後探討虛擬實境可能面臨的問題，以及對未來的預測和展望。各章的布局如下：

第 1 章　可望取代智慧手機的下一代平台	介紹虛擬實境產業的發展情況，以及知名企業對虛擬實境的當前布局，讓讀者了解虛擬實境的現況
第 2 章　從 VR 到 AR，從挑戰視覺到挑戰味覺	從技術角度介紹虛擬實境的定義及相關技術的發展，揭密虛擬實境的本質
第 3 章　桌面 VR、行動 VR 到主題公園的百花齊放	介紹虛擬實境的發展現狀、技術進步和發展瓶頸
第 4 章　虛擬實境如何翻轉現實？	介紹消費級虛擬實境設備及市場上既有設備的選購要點，看看現實如何被各種虛擬實境科技所翻轉
第 5 章　《阿凡達》帶來的想像與思考	從哲學角度分析虛擬實境帶來的一些思考，闡述技術發展的倫理問題
第 6 章　結合電影、直播與體驗館的各種可能	介紹虛擬實境的應用系統與使用設備，讓讀者快速獲取虛擬實境相關技術的知識
第 7 章　顛覆房地產到醫療業的超級優勢	介紹虛擬實境在各行各業的應用前景
第 8 章　眩暈與恐怖谷效應的風險與困境	介紹虛擬實境設備存在的風險，提出值得開發者與使用者注意的問題
第 9 章　虛擬實境即將顛覆十大產業	展望未來，介紹即將到來的產業趨勢，以及虛擬實境、模擬技術和人工智慧的發展動向

▶ 寫給需要這本書的你

　　本書的目標讀者有 3 類：一是虛擬實境相關從業人員，透過本書可以快速了解產業知識；二是對虛擬實境產業感興趣的消費者，經由本書可以獲知虛擬實境的發展現況與使用感受；三是對新科技發展感興趣的讀者，本書提供相關資訊的彙整與剖析，足以讓嗅覺敏銳的讀者看見商機。

　　由於虛擬實境技術正以驚人的速度發展，可能在本書撰寫的同時又產生了石破天驚的變化，因此內容可能無法充分展現最先進嶄新的虛擬實境技術，但本書期望以淺白易懂的方式介紹這個專業領域，提前讓讀者感受到全新科技帶來的震撼體驗。

　　本書產品圖片均來自於產品官網或公開的宣傳資料，因篇幅和作者知識所限，書中難免出現一些疏漏之處，請讀者及時回饋並予以包涵，我們會在修訂版中更正。

1

可望取代智慧手機的
下一代平台

- Oculus、HTC到三星，百家爭鳴的產業盛況
- 從華為到樂視：中國製造2025下的虛擬實境進展
- 象徵VR元年的世界行動通訊大會
- 飆速成長的VR/AR硬體投資市場
- 電商大進擊：阿里巴巴、騰訊與百度的下一步
- VR投資圈的暴風狂潮：中國第一妖股
- 極具潛力的虛擬實境生態平台
- 720度全景影片的繽紛世界
- 內容為王：虛擬實境遊戲的進化
- Ingress等擴增實境遊戲的超越

　　虛擬實境（Virtual Realty，VR）是人們對電腦極其複雜的資料進行視覺化以及互動操作的一種方法，簡單來說，虛擬實境就是一種人機互動方式的革新。虛擬實境在遊戲、電影等娛樂領域的發展前景已日漸清晰，這也是眾多虛擬實境廠商首先進攻的市場，但包括 Facebook 在內的不少企業都認為，虛擬實境產業絕不只是曇花一現，更不是娛樂產業的附屬品，VR/AR 將極有可能替代個人電腦及智慧手機，成為下一代運算平台。

　　2014 年 3 月，Facebook 以 20 億美元收購 Oculus，同年 10 月，Facebook 執行長祖克柏在演講中公布了公司未來 3 年、5 年及 10 年的發展規劃，其發展目標是希望連結每一個個體，了解整個世界，創建新的平台，這些也是未來一段時間內 Facebook 策略發展的基礎。祖克柏說，收購 Oculus 是為了因應未來科技發展之需，因為每 10 到 15 年就會誕生一個新的運算平台，而他預計 VR/AR 將是未來科技生態中極為重要的一部分。

　　2016 年 1 月 13 日，高盛（Goldman Sachs）發表了題為《VR/AR，解讀下一個運算平台之爭》（*Virtual & Augmented Reality: Understanding the Race for the Next Computing Platform*）的 VR/AR 產業報告，報告中公布了多張圖表，闡述了高盛對 VR/AR 技術的預測。高盛集團認為，VR/AR

擁有巨大的發展潛力，並預測到 2025 年，這個市場總額將會達到 800 億美元，其中 450 億美元為硬體收入，350 億美元為軟體收入；即便是悲觀預測，該市場規模亦會達到 230 億美元的規模。相較之下，2025 年全球平板電腦市場的預期營收是 630 億美元，桌上型電腦市場的預期營收是 520 億美元，遊戲機市場的預期營收是 140 億美元。

高盛集團認為，擴增實境（Augmented Reality，AR）技術所面臨的挑戰更高，虛擬實境成功的可能性比擴增實境要大，未來該市場軟體方面的營收，75％將來自於虛擬實境。但擴增實境能夠實現更多虛擬與現實結合的豐富應用，這也是虛擬實境做不到的。

2016 年 4 月 28 日到 5 月 2 日，在北京召開的全球行動網際網路大會（Global Mobile Internet Conference，GMIC），設立了獨立的「VR 峰會」，諸多虛擬實境產業巨頭共同討論該產業的形式、現狀、瓶頸、政策與未來。HTC 中國區總經理汪叢青介紹了虛擬實境開啟的新時代，他表示：「雖然 VR 這個概念最近很流行，但是它的基礎其實是在幾個計算時代的基礎上面增長的……未來，電腦和手機可以被 VR 替代。未來 20 年是 VR 的時代，它會給大家創出新機會。」其他與會的虛擬實境產業菁英和他一樣，都對虛擬實境的未來抱著期盼。越來越多的產業也盯上了

這個前景浩瀚的技術，紛紛涉足虛擬實境領域，「VR+ 其他產業」的探索正如火如荼地上演。

圖 1-1　全球行動網際網路大會

　　虛擬實境和擴增實境並非在一夜之間爆發，VR/AR 技術乃是經過長期探索，發展已久。虛擬實境是人機互動內容、方式和效果的三重革新，將從時間到空間真正解放用戶。虛擬實境並不是單一的技術，而是綜合電腦圖形學、圖像顯示技術、感測器技術、多媒體技術、智慧介面技術、人工智慧技術、多傳感技術、音響技術、網路技術等多種技術後產生的。

　　人與機器的互動一直在進步，在電腦發明的初期，人與電腦的互動是透過各種開關與卡孔，複雜且缺乏效率。後來，電腦逐漸普及，出現了滑鼠、鍵盤、數位板、手柄等，人與電腦互動變得簡單易用。到了智慧手機時代，依靠感測器，人機互動使用了越來越豐富的對話模式，比如按鍵、

搖晃、手勢等。虛擬實境技術的出現，讓人機互動變得更自然，除視覺體驗外，還將包括聽覺、觸覺、嗅覺、味覺等全面虛擬資訊，最終的結果就是，透過腦機介面（Brain-Computer Interface，BCI），人與機器將融為一體，用戶沉浸到虛擬世界中，享受前所未有的體驗。那時，電腦將成為人類身體的延伸，甚至是一部分，這也是下一代運算平台的終極型態。

然而，正如電腦和手機的發展歷程一樣，虛擬實境還需要時間。不過可以預見，虛擬實境會像電腦和手機那樣，將被大規模應用於生活、工作中，也許會像當今的手機產業一樣，成為我們生活和工作的必需品。虛擬實境產業的成功需要各行各業的帶動，比如醫療、教育、旅遊、工業、建築等領域，都能借助這種技術，實現革命性的變化。曾經遙遠的夢想變得觸手可及，並逐漸開始走進我們的生活中，相信虛擬實境就是我們這代人能看到的未來。

▶ Oculus、HTC 到三星，百家爭鳴的產業盛況

從 O2O 的遍地開花，到如今人人談論的虛擬實境，紅遍全球的這些產品或概念到底代表著什麼含義，又會對我們的生活產生什麼影響？虛擬實境就是指戴在頭上的一個

頭盔嗎？看看 2016 年的兩大展覽就能知道。

圖 1-2　美國 CES 現場盛況

　　美國最大國際消費性電子展 CES，於每年 1 月在美國的拉斯維加斯舉行，旨在促進高科技和現代生活的緊密結合。在展覽期間，優秀的傳統消費性電子廠商和 IT 核心廠商會展示最先進的技術理念和產品，吸引了眾多的科技愛好者、使用者及業界觀眾，它是全球規模最大的消費科技產品交易會之一。

　　經過 2015 年的醞釀，虛擬實境成了 2016 年 CES 展覽上的絕對主角。據 CES 的主辦方美國消費電子協會（Consumer Electronics Association，CEA®）統計，在 2016 年 1 月舉辦的 CES 展覽上，遊戲與虛擬實境展區面積占據了 77％之多，有超過 50 家與虛擬實境相關的硬體和內容廠商參展，展出琳瑯滿目的虛擬實境系統或設備。從 2016 年 CES 展覽現場來看，虛擬實境展區的訪客數遠高於其他類

型展區，排隊體驗虛擬實境產品的觀眾絡繹不絕，可見虛擬實境無疑是此次展覽最大的焦點。

在本次 CES 展覽上，VR/AR 及遊戲產業比較著名的參展企業包括了：Oculus VR、Sphero、蟻視（ANTVR）、上海樂相、Innex、Giroptic、VRTIFY、Virtuix、360Heros、索尼互動娛樂、DXRacer、Zerotech USA、樂視、Occipital、微軟（Microsoft）、HTC 等。其中，最引人注目的虛擬實境公司 Oculus，宣布了新一代 Oculus Rift 消費版（CV1）的預購時間及價格，預示著業內最先進的虛擬實境設備走進了大眾生活。在 2016 年 1 月 7 日預購當日，第一批 Oculus Rift CV1 在短短 15 分鐘內便被預訂一空。

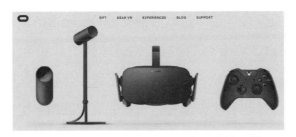

圖 1-3　Oculus 官網展示的虛擬實境設備

在 Oculus 公司的展區中，等待體驗 Oculus Rift 和 Oculus Touch 手柄的觀眾比肩接踵，人多的時候，排隊的觀眾繞著展區圍了好幾圈。在 Oculus 展區，三星聯手 Oculus 打造的 Gear VR 同時展出，在現場獲得了不少關注。

除了 Oculus 之外，HTC 是另外一家最受矚目的虛擬實境廠商。HTC 與英特爾（Intel）、福斯（FOX）、Virtuix Omni、AMD、輝達（NVIDIA）、艾維克（EVGA）、微星、惠普等各國數十家知名大廠，合作展出虛擬實境硬體和內容，所有這些合作方的展區，都會有 HTC Vive 虛擬實境設備的體驗區。

圖 1-4　HTC Vive

Virtuix 公司出品的 Virtuix Omni，是 CES 另一個令人矚目的虛擬實境設備，這款設備支援 Oculus Rift、三星 Gear VR 以及 HTC Vive，透過特製的低摩擦力鞋和全方位跑步機等，將玩家的方位、速度等資料記錄並傳輸到虛擬實境遊戲中，在虛擬世界中做出符合現實的真實回饋，提升互動體驗。

圖 1-5　Virtuix Omni 全方位跑步機

▶ 從華為到樂視：中國製造 2025 下的虛擬實境進展

在本屆 CES 展覽上，中國參展企業達到了 1416 家，占參展總數的三分之一，創下了歷史新高。2015 年 5 月 8 日，中國國務院發表了《中國製造 2025》，這是中國實施製造強國策略第一個 10 年的行動綱領，力求透過三個 10 年的努力，在 2045 年前後，把中國建設成引領世界製造業發展的製造強國。

從 CES 展覽也可以看出中國製造商的參與熱情，參展企業涵蓋了智慧家居、視聽娛樂、智慧手機、無人駕駛、無人機、虛擬實境、智慧家電等領域。以華為、中興、創維、大疆、樂視、億航為代表的中國企業搭建的精美展廳，顯示中國相關產業正在蓬勃發展。

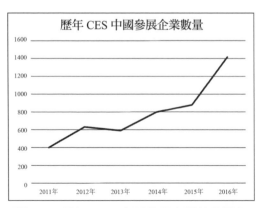

圖 1-6　歷年 CES 中國參展企業數量變化

在虛擬實境領域，中國企業帶來多款重量級設備。上海樂相推出了 2K 解析度，像素點轉換時間為 1 毫秒（ms）以內的大朋 VR 一體機；3Glasses 推出了電腦版 Blubur S1 和一體機 Blubur W1，還放出了眾多精彩的虛擬內容供用戶體驗；另一家廠商 Pico 則在驍龍 820 的基礎上，開發了一款行動一體機；蟻視發表了二代頭盔原型機 Cyclop，顯示與成像效果大幅提升；晶片廠商瑞芯微推出了採用 RK3288 晶片的虛擬實境解決方案，並展示了以此晶片為基礎的虛擬實境設備新品 Nibiru、嗨鏡（Highglass）等。

圖 1-7　3 Glasses 官網的新品宣傳海報

▶ 象徵 VR 元年的世界行動通訊大會

2016 年 2 月 22 日到 25 日，在西班牙巴塞隆納舉辦的世界行動通訊大會 MWC 上，虛擬實境同樣引起了巨大的討論。MWC 是一年一度的產業大會，由全球行動通訊系統協會（Groupe Speciale Mobile Association，GSMA）主辦，是世界行動通訊界的三大國際組織之一，成員包括全球 220

個國家和地區的近 800 家行動通訊業者和 230 多家設備製
造商，其中包括手機製造商、軟體企業、設備供應商、網
路公司以及金融服務等企業和組織。MWC 是全球最具影響
力的行動通訊領域展覽之一，主要包括該領域的展覽、活
動、交流體驗等內容。

　　在 2016 年 MWC 前夕，三星即已舉辦發表會，推出新
品手機 Galaxy S7 和 Galaxy S7 edge，以及 Gear 360 全景相
機，同時宣布與 Facebook 展開虛擬實境領域的深度合作。
三星與 Oculus 合作生產的 Gear VR 也早已在 Oculus 官網開
賣，售價是 99 美元。

圖 1-8　Oculus 官網開賣的 Gear VR

　　在 MWC 的三星發表會上，當 Facebook 的執行長祖
克柏從一群戴著虛擬實境眼鏡的記者身旁悄悄走過，出現
在現場時，所有人都吃了一驚。在演講中，祖克柏講述了
Facebook 與三星合作進軍虛擬實境社交的布局，也表達了

自己對虛擬實境未來的期待。

祖克柏表示，三星的虛擬實境設備 Gear VR 的使用者可以用 Facebook 帳號直接登錄，統計數據也顯示，使用者在 Gear VR 上觀看 360 度全景影片的累計時間已達到 1,000,000 萬小時。

當談到虛擬實境的意義時，祖克柏說道：「在我剛學會走路時，我的父母用筆記錄下這個過程。當我表妹的孩子蹣跚學步時，她用相機記錄下了精彩瞬間。而我姐姐，則是用智慧手機拍攝了她兒子剛學會走路的畫面。但是等到我女兒學會走路時，我希望能用 360 度全景相機捕捉整個場景。當我的其他家人不在場時，我可以隨後將拍攝的畫面線上傳送給他們，他們戴上虛擬實境設備後就能如『親臨現場』般，再次分享這樣的喜悅。整個過程將會相當有趣！」

關於虛擬實境社交，祖克柏分享到，在 Facebook 平台上有超過 20,000 部全景影片，每天超過 1,000,000 萬人在 Facebook 上觀看這些影片。他計畫將全景影片作為未來社交方式的實驗場所，打造出更具互動性的虛擬實境社交體驗。祖克柏還提到，三星 Gear VR 是三星最好的硬體和 Facebook 旗下 Oculus 最好軟體的結合，三星有自身強大的行動生態系統，而 Oculus 先進的虛擬實境技術則能幫助三

星踏入虛擬實境這一全新領域，並領先其他競爭對手。在
MWC 現場，LG、HTC 等企業也展示了其他不同功能的虛
擬實境設備。

2016 年 3 月 14 日到 18 日，在美國舊金山舉辦的第 30
屆遊戲開發者大會（Game Developers Conference，GDC）
上，索尼公布了 PlayStation VR 消費者版的售價：399 美
元。PlayStation VR 需要配合 PlayStation 主機使用，相較於
Oculus Rift 的 599 美元和 HTC Vive 的 799 美元，價格已算
親民。至此，虛擬實境的相關設備與產品已百花齊放，虛
擬實境產業面向消費者的大門已然開啟。

圖 1-9　索尼發表的 PlayStation VR

從 CES、MWC 到 GDC，2016 年虛擬實境廠商及消費
者的商機與期許已熊熊引爆。在北京舉辦的中國發展高層
論壇 2016 年會上，祖克柏再次暢談虛擬實境的未來，他宣
稱多種消費級設備已開始發售，消費級 VR 元年就在 2016

年！祖克柏還預測，經過 5 到 10 年的發展，它會真正成為
市場的主流。虛擬實境產業將帶來顛覆性的互動模式，尤
其是全球各大企業，比如微軟、索尼、Facebook、Google、
三星的聯手力推，這個市場極可能會成為下一代運算平台，
像電腦和手機的出現一樣影響深遠。

◉ 飆速成長的 VR/AR 硬體投資市場

借助於科技的迅猛發展，特別是硬體技術的更新迭代
和軟體應用的日趨豐富，虛擬實境技術在近年迎來了大爆
發。2014 年 3 月 26 日，Facebook 花費 20 億美元收購了虛
擬實境製造商 Oculus，揭開了虛擬實境快速發展的序幕。

Facebook 認為虛擬實境是人與機器互動的全新途徑，
收購 Oculus 的意圖就是將其打造成全新的社交平台。
Oculus 曾連續兩年獲得 E3 遊戲評論家大獎（Game Critics
Awards）提名，並在 2013 年獲得了「最出色硬體」獎項，
被譽為虛擬實境產業的領航者。

微軟自 2010 年開始，一直祕密研發擴增實境眼鏡
Microsoft HoloLens，直到 2015 年 1 月 22 日，微軟才將
HoloLens 全息眼鏡原型與 Windows 10 同時發表，這款設備
可以在佩戴者的視線中即時生成虛擬物件，佩戴者還可以

透過手勢控制虛擬物件。

圖 1-10　微軟擴增實境眼鏡 Microsoft HoloLens

　　Alphabet 旗下子公司 Google 早在 2012 年 4 月推出了一款擴增實境眼鏡──Google Project Glass，它具有和手機相似的功能，可以通話、傳送資訊、GPS 導航、上網、拍照等，還能將現實與虛擬結合，透過即時擷取拓展資訊，不過這款眼鏡目前已經停止銷售。

圖 1-11　Google 擴增實境眼鏡

　　2014 年，Google 推出了 Project Tango 計畫，能即時對用戶周圍的環境進行 3D 建模，為未來 Google 進軍虛擬實境產業帶來了無限遐想。同年 10 月，Google 還投資了擴增

實境技術新創公司 Magic Leap，Magic Leap 借助光纖投影
儀（Fiber Optic Projector）技術，將畫面即時投射到眼球。
中國公司阿里巴巴亦參與了該公司的 C 輪融資。

圖 1-12　Magic Leap 官網宣傳圖

2015 年 5 月 29 日，在一年一度的 Google I/O 開發者大
會上，Google 推出的平價 3D 眼鏡 Google Cardboard 被派
發給開發者，Cardboard 包裝盒內包括了紙板、雙凸透鏡、
磁石、魔力貼、橡皮筋以及 NFC 貼等零件，可以組裝成簡
易的虛擬實境眼鏡，然後透過手機體驗虛擬實境的魅力。
繼 Facebook 和微軟開始涉足虛擬實境技術之後，Google 在
2016 年 1 月成立了全新的虛擬實境技術部門，整合資源，
期望推出下一代優秀的虛擬實境產品。

圖 1-13　Google 的平價 3D 眼鏡 Google Cardboard

　　HTC 與 Valve 聯合開發了一款虛擬實境頭戴裝置 HTC Vive，這款產品在 2015 年 3 月舉辦的 MWC 展覽上發表。2016 年 2 月 29 日，HTC Vive Pre 開放大眾預購，這款頭盔設備螢幕更新率為 90Hz，搭配兩個無線控制器，並具備手勢追蹤功能。

　　當前，該產品已經跟隨 Oculus 的腳步開始出貨，2016 年 4 月 5 日，中國知名體育明星姚明就收到了該設備。

圖 1-14　姚明和 HTC Vive 中國區總經理汪叢青

　　在 2014 年遊戲者開發大會 GDC 上，索尼公布了 PlayStation 專用虛擬實境設備，名為 Project Morpheus。2015 年 9 月 15 日，索尼在東京電玩展索尼發表會上，將旗下的虛擬實境頭戴裝置 Project Morpheus 正式更名為 PlayStation VR。根植於旗下的 PlayStation 主機，索尼計畫將 PlayStation VR 打造為一個全新的遊戲平台。索尼互動娛樂環球工作室總裁吉田修平表示，虛擬實境技術將是遊戲界的「終極武器」，可見索尼對 PlayStation VR 的期望。2016 年 3 月 14 日到 18 日，在美國舊金山舉辦的第 30 屆 GDC 遊戲開發者大會上，索尼公布了 PlayStation VR 消費者版的售價。

　　AMD 的核心業務是 GPU 和 CPU，AMD 的虛擬實境技術 LiquidVR 以其先進的新功能正在開拓一片新藍海。AMD 的 Radeon VR Ready Premium 解決方案採用強大的 AMD Radeon 顯示卡，擁有超乎想像的視覺能力和卓越的技術創新，為高階虛擬實境遊戲、娛樂和應用樹立了高級體驗標準。AMD 還推出一款新的顯示卡 AMD W9100，為虛擬實境運算提供更佳性能。

　　2014 年 11 月，CPU 處理器製造商英特爾投資了一家虛擬實境公司 Avegant，這家公司研發的產品是頭戴式顯示器 Avegant Glyph。這款產品可以直接將畫面投射到視網膜上，

所以又稱為視網膜眼鏡，這種技術與 Oculus 的產品完全不同。2015 年 7 月，英特爾還收購了擴增實境體育設備製造商 Recon Instruments，並與虛擬實境設備製造商 WordViz、IonVR 展開合作。到 2016 年，英特爾至少已經收購了 5 家虛擬實境和擴增實境技術公司，還不包括投資或者合作的公司。

圖 1-15　Avegant Glyph 官網宣傳圖

2014 年，三星聯合虛擬實境第一大廠商 Oculus VR 推出了虛擬實境眼鏡產品 Gear VR。這款產品進一步降低了虛擬實境設備的技術門檻，雖然這款虛擬實境眼鏡需要配合手機使用，且受限於手機的畫素和性能，但由於其低廉的售價使其獲得了用戶的認可。類似三星 Gear VR 這種奠基於手機之上的虛擬實境眼鏡有很多，比如 Google Cardboard、

暴風魔鏡、靈境 VR、大朋 VR、蜂鏡、3Glasses、蟻視、魅族 VR 等。

LG 在 2016 年 MWC 現場發表了虛擬實境全景相機 360 Cam 以及 360 VR。投資全景相機的廠商更多，比如三星、諾基亞（Nokia）、Jaunt VR、Google、360 Heros、Next VR、Bubl、Insta 360、UCVR、暴風魔鏡、Wipet、完美幻境、樂視等。

▶ 電商大進擊：阿里巴巴、騰訊與百度的下一步

騰訊在 2015 年 12 月 21 日舉辦的 Tencent VR 開發者沙龍上，公布了 Tencent VR SDK 及開發者支援計畫，首次系統性地闡述了騰訊在虛擬實境領域的布局。騰訊意圖透過分階段開發的方式，同時布局硬體和軟體，打造一個全方位的虛擬實境生態平台。

阿里巴巴剛成立了虛擬實境實驗室，圍繞硬體、內容、購物場景三個層面來布局，並透過愚人節釋出的概念影片，展現了「Buy+」的未來虛擬實境購物願景。

阿里巴巴的「造物神」計畫，聯合商家建立世界上最大的 3D 商品庫，讓用戶獲得虛擬世界中的購物體驗。據悉，阿里巴巴工程師目前已完成了數百件極致精細的商品模型，

下一步將為商家開發標準化工具，實現快速批次進行 3D 建模。

 線上欣賞騰訊 Buy ＋概念影片！

圖 1-16　阿里巴巴的 Buy ＋

　　此外，百度視頻也宣布進軍虛擬實境領域，上線「VR頻道」。和阿里巴巴一樣，百度在進軍虛擬實境領域的初期也從內容著手，未來在影音領域之中，阿里巴巴、百度、暴風影音等恐有一番激烈爭奪。

　　小米科技創辦人雷軍，曾在 2016 年 1 月舉辦的小米年會上透露，正在籌建小米探索實驗室，進軍機器人和虛擬實境等高階科技領域。2016 年 2 月，小米探索實驗室正式成立，第一個計畫正是虛擬實境。

　　2016 年 4 月 15 日，華為發表了一款類似三星 Gear VR

的行動虛擬實境設備 HUAWEI VR，這款設備還支援通話以及微信顯示功能。

隨著時間的推移，投資虛擬實境的資本越來越多，虛擬實境眼鏡、互動設備、全景相機、虛擬實境內容、虛擬實境生態平台，甚至垂直入口網站（vertical portal）等涉及虛擬實境的產品都受到了投資方的注目。

在歐美國家，部分獲得融資的虛擬實境廠商有：Oculus VR、NodLabs、Jaunt、CivilMaps、NextVR、UploaDVR、TheVirtualRealityCompany、13thLab、AltspaceVR、FOVE 等。

在中國，完美幻境、維阿時代（靈鏡 VR）、愛客科技、焰火工坊、極維客、暴風魔鏡、蘭亭數字、蟻視、思能創智、映墨科技、3Glasses、極睿軟體、鋒時互動等 VR/AR 相關企業都得到了資本的青睞，獲得了不同程度的投資支持。其他還有很多新創公司和大企業的創業育成中心在從事相關的產品或產業運作，在此不再一一說明。

◉ VR 投資圈的暴風狂潮：中國第一妖股

2015 年的中國股市出現了一支連續漲停的股票，即被投資人稱為「妖股」的暴風科技。暴風科技最主要的產品就是影片播放軟體——「暴風影音」以及相關的影片和廣

告業務。2014 年 9 月 1 日，暴風科技執行長馮鑫在「離開地球兩小時」的發表會現場宣布，暴風科技將涉足硬體領域，推出一款虛擬實境眼鏡——暴風魔鏡。這是暴風科技提交 IPO 後，首次對外披露新業務進展。暴風科技於 2015年 3 月 24 日登陸深圳證券交易所 A 股創業板，發行價格 7.14元人民幣，開盤價為 9.43 元人民幣。

圖 1-17　暴風魔鏡官網宣傳

暴風科技掛牌交易之時，股市行情正如火如荼，加上它屬於中國正熱的「互聯網＋」、「虛擬實境」等熱門題材，暴風科技創下連續 29 個漲停板的紀錄。暴風科技全年有 124 個交易日，其中有 55 天強勢漲停，最高股價達到了327.01 元人民幣，直至 2015 年 10 月 26 日停牌，暴風影音累計漲幅高達 1950.88％，位居上海交易所與深圳交易所兩市第一。暴風科技從影片及廣告服務跨界到虛擬實境，憑藉這波新浪潮的熱度，獲得了第一波優勢。

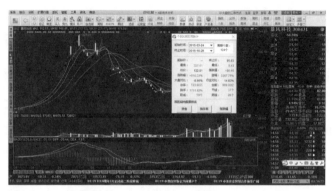

圖1-18　暴風科技2015年日K線圖（來源：同花順財經）

　　除了暴風科技外，在虛擬實境的相關概念股中，還有虛擬實境設備自營商、系統平台商、後台配套商、硬體製造商、控股或參股切入商等。比如奧飛動漫、華誼兄弟、順網科技、樂視網、歐菲光、川大智勝、大恒科技、利達光電、愛施德、歌爾聲學等。相信未來3到5年，各方資本以及股民對虛擬實境會持續保持高度的熱情。

　　2015年1月26日，在「中國媒體訓練營冬季峰會」上，暴風科技創辦人、董事長兼執行長馮鑫宣布，暴風科技正在籌劃公司，獨立負責魔鏡的營運。2015年1月30日，北京暴風魔鏡科技有限公司成立，法定代表人為馮鑫。2015年4月14日，暴風科技發布公告，稱該公司第二屆董事會第六次會議審議通過了《關於參股公司北京暴風魔鏡科技有限公司增資擴股的議案》，暴風魔鏡的註冊資本由

2,600,000 元增加至 3,209,877 元人民幣，暴風科技持有的暴
風魔鏡股權比例，則由增資前的 38.46％變更為 31.15％，
其他還包括華誼兄弟投資 2400 萬元人民幣、天音通信投資
1500 萬元人民幣等，詳細持股如圖 1-19 所示。

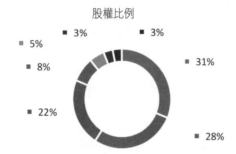

圖 1-19　暴風魔鏡科技有限公司股權比例

　　據馮鑫透露，暴風魔鏡意圖在未來打造一個「VR 理想
國」，並且為此理念啟動了 210 個合作夥伴和 10 個虛擬實
境合夥人的招募計畫。

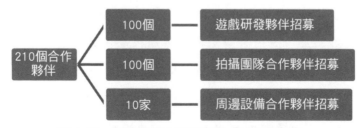

圖 1-20　暴風魔鏡企圖打造的「VR 理想國」

暴風魔鏡官網是這樣介紹自己的：

暴風魔鏡是一款頭戴式虛擬眼鏡，戴上它，你可以走進虛擬世界中，左右擺頭可以 360 度沉浸在遊戲體驗、旅遊景點、演唱會、各類賽事等內容裡的各個場景和角色，天上的飛龍，背後的山貓，迷人的山水，動感的辣妹都在你眼前。

頭戴式虛擬實境設備並不是新鮮玩意，暴風魔鏡的厲害之處在於：

第一，它以超低價格將廣角、低延遲的沉浸式體驗帶給大眾。相比索尼等其他公司動輒 5000 元人民幣以上的價格，只要 200 元人民幣左右就可以買到一套魔鏡 III 的價格，已是非常親民。

第二，魔鏡的內容比傳統側重於遊戲和影片的頭戴式虛擬實境設備更加豐富。目前暴風魔鏡自主研發的遊戲有兩款——《極樂王國》和《瘋狂套牛》，都獲得了很好的評價。另外，暴風遊戲平台也已經由眾多知名遊戲公司上架很多 3D 遊戲。每週五內容團隊都會更新很多內容，旅遊景點、車展、泳衣展、內衣展等類型皆有。影片內容極為豐富，擁有暴風影音的豐富資源，而且華誼兄弟是其股東之一。

第三，周邊硬體設備豐富。暴風魔鏡除了魔鏡這款主

打產品外，還有很多配套的智慧硬體。比如拍攝 360 度全景影片的魔眼，可以更完整感受魔鏡效果的一體機，還有擴增實境設備，以及正在研發的其他智慧硬體，都會使魔鏡更加酷炫，內容更加豐富。

　　接下來列舉幾個事實，讓讀者更有助於了解暴風魔鏡的概況：

一、暴風魔鏡由創造 A 股漲停奇蹟的暴風科技創辦人馮鑫親手打造，已成為馮鑫人生中的第二個創業計畫。

二、天使輪融資即為 1000 萬美元。

三、為每個員工按季度分發公司股權和獎金，而且可以在每輪融資變現股權。

四、是中國虛擬實境領域頗有實力的一員。

五、虛擬實境是 Google、Facebook、YouTube 等大公司看重的未來領域，也是史蒂芬・史匹柏（Steven Spielberg）等名人加盟的未來技術。

六、暴風魔鏡已打造中國第一部虛擬實境電影《成人禮》，和虛擬實境遊戲社交平台《極樂王國》。當眾多新創公司競相說自己是未來的 Uber 時，我們只想告訴你一些關於魔鏡的事實。

這就是暴風魔鏡。

從暴風魔鏡的產品線來看，自 2015 年 9 月，該公司發表首款智慧硬體設備──暴風魔鏡 1 後，該產品多次反覆更新，最新的魔鏡 4 有標準版和黃金版兩個版本。暴風魔鏡先後發表過魔鏡 1、魔鏡 2、小魔鏡、魔鏡 3（FOV98°）、魔鏡 3Plus A（FOV96°）、魔鏡 3Plus B（FOV60°）、魔鏡 4（FOV96°）、魔鏡小 D（FOV60°）等不同版本，暴風影音還擁有一款針對個人的全景相機品牌：暴風魔眼。可以說，是暴風魔鏡將虛擬實境這個概念，普及到中國大眾的生活中。

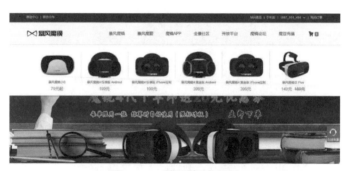

圖 1-21　暴風魔鏡官網

我們以暴風魔鏡 4 的 Android 標準版（型號 MJ4-01）為例，來詳細研究暴風魔鏡的表現。暴風魔鏡 4 售價 199元人民幣，由鏡片、鏡架、頭戴裝置和藍牙遙控器組成。在前幾代的基礎上，暴風魔鏡 4 進行了如下的升級：

一、新版本的頭戴設計採用旋鈕式，更符合人體工學。

二、鏡片球面鏡採用 FOV96° 鏡片，一定程度上提升了畫面中心的清晰度，減少了邊緣模糊，減輕了用戶的眩暈感，而且鏡片可以防藍光和防輻射。

三、部分面積還可以調節瞳距，瞳距調節範圍為 58mm 至 68mm，有利於近視及遠視的使用者，近視者可以直接佩戴眼鏡使用。

四、魔鏡與臉部接觸的防透光材料採用醫療級矽膠，佩戴更加舒適。

五、魔鏡支援頭部控制及藍牙遙控器控制，遙控器舒適便捷，使用方便。

暴風魔鏡需搭配手機使用，主要適用 4.7 吋至 5.5 吋螢幕的主流智慧手機，且手機解析度在 1080P 以上效果更好。此版本的暴風魔鏡尺寸為 197mm（寬）×111mm（高）×124mm（深），包含頭戴的重量為 317 克。暴風魔鏡在使用時需配合暴風魔鏡 APP 或其他類似的 APP 使用，在手機上即可呈現 3D 大螢幕觀影效果。

為了深入了解，作者從淘寶暴風魔鏡旗艦店購買了一款暴風魔鏡 4 Android 標準版用於測試，以下是開箱過程。

一、暴風魔鏡包裝盒（如圖 1-22 所示）。

二、暴風魔鏡 4 Android 標準版包裝（如圖 1-23 所示）。

三、打開包裝後，可以看到主機眼鏡、頭戴裝置、遙控器、電池、眼鏡布、使用說明書（如圖 1-24 所示）。

四、眼鏡主機邊框設計為黑色圓弧狀，中間是密集的透氣孔設計，採用了全新的懸掛式佩戴結構和極簡設計。藍牙遙控器有 4 個按鍵，控制更方便（如圖 1-25 所示）。

五、魔鏡細節圖（如圖 1-26 所示）。

六、藍牙遙控手柄細節圖（如圖 1-27 所示）。

七、安裝好之後的暴風魔鏡，透過藍牙遙控器，配合「暴風魔鏡」APP 使用，可以體驗全景影片、3D 電影、全景圖片漫遊、虛擬實境手機遊戲等。暴風魔鏡的顯示效果和其他類似 Google Cardboard 的裝置一樣，比較仰賴手機的解析度，2K 手機效果稍好，而大部分手機都有較嚴重的顆粒感。

圖 1-22　暴風魔鏡包裝盒

圖 1-23　暴風魔鏡 4 Android 標準版包裝

圖 1-24　打開包裝

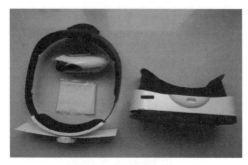

圖 1-25　魔鏡展示

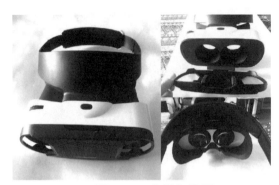

圖 1-26　魔鏡細節圖

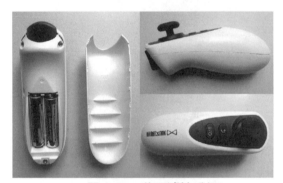

圖 1-27　藍牙遙控手柄

▶ 極具潛力的虛擬實境生態平台

　　虛擬實境目前尚有許多新技術有待研發，許多內容有待推廣，誰能在技術上領先別人，誰就能在產業立足並獲得先機；而誰能創作出好的內容，誰就會獲得用戶，打下堅實的基礎。現在全世界虛擬實境領域的廠商們都在努力

打造自家的生態平台，到底誰能勝出，讓我們拭目以待。
這些廠商的類型包括：

一、類似 Oculus Rift 的桌面端或主機頭戴顯示裝置，
　　比如 HTC Vive。

二、一體機頭戴顯示裝置，比如第二現實。

三、類 Google Cardboard 的手機端頭戴顯示裝置，比如
　　暴風魔鏡。

四、介於一體機與手機之間的頭戴顯示裝置，比如
　　Gear VR。

　　這些設備有的仰賴高性能的電腦，有的仰賴高解析度
的手機。仰賴電腦和主機的頭戴裝置，一般會配備 2K 以上
的顯示螢幕，並搭配各種感測器和互動裝置，所以價格昂
貴。而仰賴手機的類 Google Cardboard 設備價格便宜，使用
方便，是現階段消費者普遍能夠體驗的虛擬實境設備。無
論是哪種設備，消費者都希望能夠獲得最好的體驗。

　　然而，內容是虛擬實境體驗的核心，沒有內容，再好
的設備也是空談。現階段虛擬實境的主要內容有兩方面，
一是虛擬實境遊戲，二是高沉浸感的影片。下面介紹一些
知名的虛擬實境內容生態平台，讓消費者拿到虛擬實境眼
鏡後，知道如何去發現有趣的內容，見表 1-1。

表 1-1　虛擬實境內容平台

產品	開發商	支援設備	主要內容
Oculu Store/ Oculus Platform	Oculus	Oculus Rift、三星 Gear VR 等頭戴裝置設備	全景影片、全景圖片、虛擬實境遊戲、適合 Oculus Rift 的 APP
Steam/ Steam VR	Valve	HTC Vive、Oculus Rift、三星 Gear VR 等頭戴裝置設備	
Google Cardboard/ Google Play	Google	類 Cardboard 設備	3D 影片、360 度全景影片、360 度全景漫遊、虛擬實境遊戲
3D 播播	上海樂相科技	大朋 VR 等類 Cardboard 設備	3D 影片、360 度全景影片、虛擬實境遊戲
暴風魔鏡	暴風魔鏡科技	暴風魔鏡等類 Cardboard 設備	3D 影片、360 度全景影片、360 度全景漫遊、360 度全景圖片、360 度全景直播、虛擬實境遊戲
PicoVR	小鳥看看科技	Pico 1 等	3D 影片、360 度全景影片、虛擬實境遊戲
UtoVR	上海杰圖軟件技術	Pico 1 等	3D 影片、360 度全景影片、360 度全景直播
LeVR/ 樂視界	樂視	LeVR COOL1	3D 影片、360 度全景影片、虛擬實境遊戲等

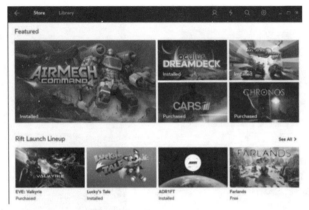

圖 1-28　Oculus Store

圖 1-29　Steam 中的 VR 遊戲

圖 1-30　Google Play 中的 Cardboard APP

圖 1-31　3D 播播

圖 1-32　暴風魔鏡

圖 1-33　PicoVR

圖 1-34　UtoVR

圖 1-35　LeVR

　　除了以上 8 款應用之外，還有一些其他常見的 VR/AR
內容平台或遊戲，比如：蟻視 VR、騰訊炫境、極樂影院、
靈境世界、腦穿越 VR、VR 世界、愛奇藝 VR、超次元等。

　　另外，YouTube 以及優酷等影片網站也都已經支援虛擬
實境影片的播放，百度視頻也於 2015 年 12 月 4 日上線 VR
頻道，大眾可以透過多種管道觀看虛擬實境影片或全景圖
片。還有一些專門的全景影片播放器，比如奇境 VR 影音、
Virtual Desktop 等，透過這些軟體可以輕鬆獲取虛擬實境內
容。在目前這個階段，虛擬實境內容平台顯得較為紛陳，

尚無規模最大、統整性最高的平台出現。

圖 1-36　一些常見的 VR/AR 應用或遊戲

▶ 720 度全景影片的繽紛世界

　　720 度全景影片，就是包含前後左右上下 6 個方向的全視角影片，由水平 360 度加上垂直 360 度所構成。全景影片可以用多台相機同時拍攝而成，或由全景相機拍攝而成，也可以用 3D 軟體製作而成。全景影片最大的特點就是擁有 720 度環繞視角，觀眾可以自由切換觀看的方位。如果說電影提供了一個看待世界的全新視角，那麼虛擬實境將讓電影向前邁出一大步，因為虛擬實境將為觀眾準備一個世界，

讓大家可以真正融入電影中。

現階段的全景影片還沒有真正的大製作電影出現，不過我們已經可以看到很多影片的全景片段、創意短片、全景直播、全景 MV、全景動畫、全景旅遊等。正因全景影像出色的「沉浸感」，成人內容成了影視業最大的虛擬實境布道者之一。

觀看全景影片主要有兩種方式：一種是固定設備，透過拖動畫面查看四周視角；一種是依靠設備的陀螺儀，由觀眾調整視線方向查看四周視角。

2015 年，美國日舞影展（Sundance Film Festival）引入了電影的新媒介平台──虛擬實境，展示了 9 部虛擬實境影視作品：《Assent》、《Birdly》、《Evolution of Verse》、《Kaiju Fury!》、《Perspective; Chapter I: The Party》、《Project Syria》、《The VR works of Felix &Paul》、《Way to Go》、《Zero Point》。

Oculus 在日舞影展上還放映了一部虛擬實境電影《Lost》，由 Oculus Story Studio 打造，講述了一群「手臂機器人」在森林中尋找身體的故事，觀眾透過虛擬實境設備的沉浸式體驗，可以身臨其境地「進入」到電影故事中。

2016 年 1 月 21 日到 31 日在美國猶他州派克城（Park City）舉辦的最新一屆日舞影展上，虛擬實境主題的遊戲

或影視作品出現了 30 部，是 2015 年的 3 倍之多，而且每一部都彰顯出其在虛擬實境技術運用方面的獨創性。如《100humans》、《Irrational Exuberance》、《Sequenced》、《Sisters》、《Sonar》、《A History of Cuban Dance》、《Surge》、《The Unknown Photographer》、《Waves》、《Waves of Grace》等。這些影片包括《星際大戰》（*Star Wars*）的場景片段和一部以新視角演繹的警匪片，以及各種獨創的虛擬實境影片。《Perspective Chapter 2: The Misdemeanor》是 2015 年日舞影展最受歡迎虛擬實境短片的續集。這個四部曲的電影，講述了一個犯罪嫌疑人入室竊盜的故事，影片的每一部都從不同的視角敘述故事：一部是以受害小孩的視角講述，一部是從受害人兄弟的視角講述，另外兩部從員警的視角講述，讓觀眾彷彿置身於事件的漩渦之中。

在中國，擁有虛擬實境頭戴裝置，可以透過不同的平台觀看全景影片。在 3D 播播、柳丁 VR、UtoVR、暴風魔鏡等 APP 中，就有全景電影、全景漫遊和全景圖片等不同的頻道，包括全景動感舞蹈 MV、全景景點漫遊、全景極限運動、全景恐怖短片、全景科幻短片、全景現場直播等不同內容。《冰與火之歌：權力遊戲》（*Game of Thrones*）、《復仇者聯盟》（*Marvel's The Avengers*）、《絕地救援》（*The*

Martian）、《星際大戰》等影視作品都推出了相應的「VR
版」預告片，其他已經發表 VR 版預告片或即將推出 VR
版本的電影數量已經多達 40 多部，Oculus Story Studio、
Google、三星等幾家主要的硬體廠商也將推出虛擬實境影
片。

　　2016 年元旦上映的中國動畫電影《小門神》也推出了
VR 版預告片，《小門神》由追光動畫製作，透過這支預告
片，觀眾置身於電影中的街道上，跟隨鏡頭看到不同的電
影場景，還可以透過轉頭、抬頭、轉身等動作，看到影片
中 360 度的場景。

　　2015 年由 VR 熱播（Hotcast）製作推出的中國第一部
虛擬實境情境劇《占星公寓》，第一季共 12 集，以一個宅
男房東的視角，講述他與 4 名美女房客的同居故事，雖然
影片製作並不算精良，但也是中國新型態短劇的一種大膽
嘗試。除此之外，VR 熱播還上線了一部自製虛擬實境系列
劇《行走費洛蒙》，由美女主播帶領觀眾暢遊不同的城市，
凸顯虛擬實境如何呈現「私人伴遊」的概念。

立刻欣賞《小門神》VR 全景預告片！

　　未來虛擬實境電影的形式會越來越豐富，甚至會顛覆整個電影產業。比如電影可以擁有超多的視角，根據觀眾的選擇變換不同的視角，甚至電影的劇情和長度也會根據觀眾的介入發生變化。虛擬實境技術能讓觀眾沉浸在電影當中，那時候的電影將更真實，給觀眾的衝擊將更大。

　　以 2016 年年初《動物方城市》（Zootopia）為例，迪士尼創造了一個烏托邦般的動物世界。如果將這部電影改成虛擬實境電影將會是什麼樣子？想像一下，我們再也不是跟著導演的鏡頭去觀影了，這部電影也不再局限於 100 多分鐘。觀眾可以跟隨主角和主線劇情一點一點地深入，也可以從另外的視角去觀看這部電影，我們可以與主角走相反的方向，去看看動物城中其他美妙的風景，去和樹懶聊聊天。這時候的電影是不是更像遊戲了？是的，終有一天，我們看電影的觀影體驗，將會像是一場與電影互動的遊戲。

　　雖然虛擬實境電影或動畫的製作有很多路要走，但虛擬實境科技的飛速發展令人非常興奮，觀眾不僅能處於電影劇情的中心，從單向地聆聽故事，變成雙向地參與故事甚至改變故事，而且可以自由探索整個電影中的世界，可以想見，虛擬實境未來肯定可以改變整個電影產業。

▶ 內容為王：虛擬實境遊戲的進化

　　虛擬實境的主要內容除了全景影片之外，最吸引人的就是遊戲了。現在，虛擬實境遊戲仍然沒能形成規模，一方面是技術和設備的限制，另一方面是遊戲開發的創意和難度。

　　中國玩家對於電腦遊戲的印象應該是從紅白機、電子遊樂場開始，後來隨著科技發展，出現了 XBOX、索尼 PlayStation 等遊戲主機，與此同時，電腦開始普及，從踩地雷、撲克牌到 Flash 小遊戲，最後是風靡全球的各種網路遊戲，比如《傳奇 Online》、《夢幻西遊》、《勁舞團》、《魔獸世界》（World of Warcraft）、《星海爭霸》（StarCraft）、《英雄聯盟》（League of Legends）等。近年來，行動設備逐漸成為主角，出現了大量手遊，比如《水果忍者》、《2048》、《爐石戰記》（Hearthstone）、《當個創世神》（Minecraft）、《憤怒鳥》（Angry Birds）等。直至虛擬實境技術的迅猛發展，VR /AR 遊戲成為玩家最期待的遊戲方式，隨著眾多設備的上市，虛擬實境技術迎來了新的曙光，進入全面爆發的階段，市場競爭也將逐漸趨於白熱化。

　　虛擬實境遊戲已經過了數十年的進化，早在 1939 年，使用 View-Master 設備，透過轉盤上七對微型彩色膠片，

就可以為使用者提供一個栩栩如生的立體畫面。1991 年，Virtuality 推出一款由 Commodore Amiga 3000 電腦、頭戴式的 Visette 顯示器以及一系列控制器組成的虛擬實境設備，並有《Dactyl Nightmare》、《Grid Busters》、《Total Destruction》、《吃豆人 VR》等數款遊戲支援。但囿於價格和效果，該產品未能普及。

在 1993 年的 CES 上，Sega MD 主機推出了一款 Sega VR 設備，支援包括《VR 賽車》在內的 5 款作品。但因為未能解決眩暈問題，該產品最終被取消發售。

到了 1995 年，任天堂全面發行了一款 Virtual Boy VR 設備，但該設備沒有使用任何頭部追蹤技術，而且支援的遊戲有限，再加上許多消費者在遊戲時出現眩暈嘔吐等情況，在發行不到一年後，該產品也遭到放棄。接著，任天堂又推出了一款 VFX1 Headgear 設備，配備雙 LCD 顯示器和動作追蹤技術，再加上立體聲揚聲器以及 Cyberpuck 手持控制器，配合《毀滅戰士》（Doom）和《雷神之錘》（Quake）等遊戲的支援，這款設備在當時著實風光了一陣子。經過電腦、主機以及智慧手機的衝擊，虛擬實境的概念被逐漸淡化，直到近年隨著技術快速發展，以及 Oculus Rift 等虛擬實境設備的成熟，虛擬實境才重回大眾視野。

2011 年，任天堂推出一款可攜式遊戲機 3DS，該設備

利用了視差障壁技術，讓使用者不需要佩戴特殊眼鏡，即可感受到立體裸眼 3D 圖像效果。該設備的最新版本為任天堂 new 3DS 和 new 3DS LL，圖形質感和裸眼 3D 顯示效果更好。

圖 1-37　任天堂 new 3DS

2016 年 3 月 7 日到 9 日，第五屆全球行動遊戲大會（GMGC）在北京國際會議中心盛大舉行，這個遊戲大會由全球行動遊戲聯盟（GMGC）主辦，全球知名遊戲開發商、平台商和營運商展示了泛娛樂策略、明星 IP、虛擬實境、國際化經驗、智慧硬體等先進技術和理念。該次大會以「創新不止，忠於玩家」為主題，下設 VR 全球峰會、VR 電競大賽、VR 體驗區、G50 全球行動遊戲閉門峰會、開發者訓練營、獨立遊戲開發者大賽、IP2016 全球行動遊戲產業白皮書、2016 全球行動遊戲生命週期報告等多個議

題。

　　關於現階段的虛擬實境遊戲會朝哪個方向走？全球行動遊戲聯盟祕書長宋煒接受媒體採訪時分析：「現階段輕度休閒 VR 因為技術簡單，會得到更快的發展。畢竟 VR 現在正受到高度關注，並且處於普及階段，一些上手快、有創意的休閒遊戲，會成為使用者追捧的對象。複雜重度的遊戲無論是製作技術還是創意實現都非常有難度，但是一旦成功，必能席捲用戶的關注度。」

　　當前虛擬實境遊戲主要分為十大類：一是場景體驗遊戲；二是運動類遊戲；三是恐怖冒險類遊戲；四是動作格鬥類遊戲；五是第一人稱射擊遊戲；六是角色扮演遊戲；七是養成類遊戲；八是策略建造遊戲；九是社交網遊；十是休閒闖關等小遊戲。更多類型的遊戲隨著技術發展大量湧現，虛擬實境的世界將會更加精彩。

　　HTC Vive 剛上市就推出了 12 款遊戲，如《太空海盜訓練》、《工作模擬：2050 檔案》、《Arizona Sunshine》、《Final Approach》、《Audioshield》、《菁英：危險》等。

　　Oculus Rift 預購的設備則附贈了《Lucky's Tale》和《EVE: Valkyrie》兩款遊戲。除此之外，《當個創世神》、《異形：孤立》（*Alien: Isolation*）、《毀滅戰士 3》、《The Edge of Nowhere》、《AirMech》等遊戲，都可以完美相容

於虛擬實境頭戴裝置。而類 Google Cardboard 的遊戲有《奔跑吧兄弟！我是車神》、《極樂王國》、《叢林歷險記》等。

圖 1-38　《EVE: Valkyrie》遊戲畫面

隨著虛擬實境設備的普及，相信越來越多的遊戲都會向這個方向發展。不少接觸過日本動漫的人都或多或少看過《刀劍神域》（*Sword Art Online*），片中設定在 2022 年，一個虛擬實境設備廣泛使用的世界中，主角們在一款稱為 Sword Art Online 的虛擬實境多人線上（VRMMO）遊戲中的冒險和愛情故事。IBM 日本分公司將聯合 Bandai Namco 和 Aniplex 共同再現這款 VRMMO 的真實版本，這就是名為「Sword Art Online: The Beginning」的 VR 計畫，該計畫將對玩家進行全身真人 3D 掃描，把玩家的身體資料數位化，用自己的虛擬角色直接進行遊戲。遊戲還為玩家配備了專門的感應器，以蒐集到玩家的步行動作，從而在遊戲中走動。

現階段虛擬實境遊戲數量有限，著名的遊戲平台 Steam 上雖擁有數百款虛擬實境遊戲，但大多數遊戲並不是基於虛擬實境技術開發的，有鑑於此，Steam 的開發公司 Valve 發表了一款「SteamVR 桌面影院模式」，如果使用者戴上虛擬實境頭戴裝置，在這個模式下，遊戲就會在一個巨大的螢幕上呈現，這樣用戶就可以在虛擬實境中體驗任何 Steam 的遊戲了。

雖然內容是虛擬實境發展的核心，但並不是現階段虛擬實境發展的主要限制，畢竟現在虛擬實境技術尚有發展空間，設備的價格也還有望下降，普及度更是有待提升。

▶ Ingress 等擴增實境遊戲的超越

在 2013 年春節聯歡晚會上有一個歌唱節目《風吹麥浪》，由李健和孫儷演唱。在電視螢幕前，我們可以看到金色的麥浪和漂浮的雲朵，這些都是利用擴增實境技術實現的。伴隨著演唱者悠揚的歌聲，我們彷彿置身於秋天豐收的田野上，身旁就是金黃色的麥浪、飛舞的蝴蝶以及色彩絢麗的熱氣球。

不僅如此，擴增實境技術在遊戲中同樣有不少有趣的應用。2015 年年初，一款 3D 小熊在中國社交網站上不斷

洗版，這是一款叫做《奇幻哞哞》的小遊戲。利用擴增實境技術，讓 3D 小熊以一種奇特的方式呈現在手機螢幕上，或跳舞、或搞怪，非常有趣。這款遊戲內容簡單，讓用戶第一次感受到了擴增實境的趣味。

提到擴增實境遊戲，就不能不提 Google 內部初創團隊「Niantic 實驗室」開發的《Ingress》。《Ingress》的遊戲背景是一群科學家偶然發現某種神祕的能量，研究人員認為這個神祕能量會影響人類的思想。人類必須控制住這股能量，否則就會被奴役。遊戲中分為兩個陣營——「Enlightened」（啟示軍，綠色陣營）試圖吸納這股神祕能量，堅信這種能量是對人類的恩賜；另一個陣營「Resistance」（抵抗軍，藍色陣營）則奮起抵抗這種能量，保護人類的資源與財富。玩家扮演不同陣營的特工（Agent），爭奪和控制真實世界中的地標性建築等據點，透過手機與手機中的 GPS 定位系統，到世界各地蒐集能源、攻占據點，這些動作將會與現實世界相呼應，透過擴增實境技術顯示在手機上。

有趣的是，2016 年風靡全球，一個月創下五項金氏世界紀錄的《精靈寶可夢》（*Pokemon GO*），由於也是同一個開發團隊，玩家將可在遊戲中的補給站點，看見《Ingress》留下的據點。

圖 1-39　Ingress 官網畫面

　　至於中國的擴增實境遊戲並不多，由廣州創幻數碼科技開發的《超次元》算是一款比較成功的產品，這款產品透過擴增實境技術和「擴增實境卡牌」，將虛擬人物透過APP 呈現在手機上，與玩家進行互動。

圖 1-40　《超次元》遊戲畫面

　　另外還有一些好玩的擴增實境遊戲可以嘗試，比如《昨日的艾莉若》、《Faster Than Light》、《Warp Runner》、《Augmented Resistance》、《Table Zombies AR》等。《昨日的艾莉若》是台灣團隊打造的一款密室逃脫遊戲，玩家在真實世界的咖啡廳中，利用手機尋找遊戲線索，透過拍攝、掃描等方式進行遊戲。《Faster Than Light》則可透過手機和鏡頭，掃描特定的圖案，就可以發現一個新的世界。《Warp Runner》這款遊戲，可以直接拍攝生活中的圖片進行建模，比如海報、雜誌封面等，玩家扮演一個小人，藉著蒐集鑰匙和能量塊找到出口、獲得自由。《Augmented Resistance》遊戲中，玩家指揮士兵守護外星球上的基地，抵抗一波又一波怪物的入侵。《Table Zombies AR》講述生化危機到來，殭屍大軍占領了城市，玩家控制角色，幫助城市中僅存的幾個特種兵擊退殭屍。遊戲需要下載並列印一張圖案，打開遊戲掃描圖案，就會自動識別出地圖。

　　如果說虛擬實境遊戲是創造一個新世界，那麼擴增實境遊戲就是依附在現實世界，讓虛擬與現實結合，讓你可以在虛擬與現實中穿梭互動，這樣的體驗也非常美妙。當然，除了遊戲、電影之外，VR/AR 還有很多其他應用領域，而且覆蓋了我們生活與工作的一切，這些都將在接下來的章節提到。

2

從VR到AR，從挑戰視覺到挑戰味覺

- ▶ 互動性、沉浸性、想像性
- ▶ 科幻小說的現實版：虛擬實境的萌芽期
- ▶ 不斷推陳出新的可能性：虛擬實境的爆發期
- ▶ 四大虛擬實境系統的發展
- ▶ 視覺、聽覺、嗅覺、味覺、觸覺的感知模擬
- ▶ 11種感測追蹤，讓互動回饋更真實
- ▶ 擴增實境翻轉出版、教育與媒體，讓現實更不一樣

　　前面介紹了虛擬實境近年的發展情況、虛擬實境在影視和遊戲等領域的應用,以及知名企業對虛擬實境的投資情況,讓讀者大略明白目前虛擬實境的熱度。那麼本章就為大家介紹虛擬實境到底是什麼,及其歷史發展和使用技術。

　　要了解虛擬實境的定義,首先要知道什麼是真實,什麼是虛擬。如果說「客觀物質」就代表真實,那我們如何去感知這些客觀物質呢?有句成語叫「眼見為憑」,是不是眼睛看到的就是真實的呢?科學家告訴我們,人類看到的、聽到的、聞到的、品嘗到的、觸摸到的東西,都不過是外界刺激的「簡化版」。比如一般人只能看到波長在380nm 到 780nm 之間的可見光,而紫外線區、紅外線區以及其他區我們則無法看到,但它們卻是真實存在的。

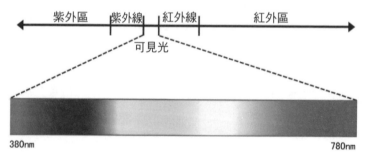

圖 2-1　可見光區域

　　即便是可見光，不同人眼中的景象也完全不同，近視的人看東西模糊不清，色盲的人不能區分特定的顏色。即使沒有任何眼部症狀，你看到的顏色也可能和別人不同。動物眼中的世界也是不同的，比如蝦蛄擁有 16 種感受顏色的視錐細胞，牠們眼中的世界色彩斑斕；貓和狗看到的世界色彩單調，但牠們卻有出色的夜視能力；有些蛇的視力很弱，但牠們能透過紅外線感知周圍。

　　正因為有著諸多的差異，不同人感受著不同的「真實」，「真實」變得更加撲朔迷離。我們看到的、聽到的、聞到的、品嘗到的、觸摸到的東西，僅僅只是一種表象，人類所擁有的感官是有限的，還有很多「真實」我們感受不到，「真實」遠遠比我們能夠感知的還要豐富。

　　「虛擬」是「真實」的相對概念，但如果虛擬的東西能夠給我們足夠多的「感知」，那麼我們也會認為它是真實的。我們常常做一些奇妙的夢，夢中的故事設定很拙劣、情節不連貫，甚至人物的身分都不明確，但我們在夢中卻很難意識到這些都是「假」的。我們在夢中或開懷大笑、或淚如雨下，甚至醒來也無法釋懷，為什麼大腦會被「夢境」欺騙呢？因為大腦只接收資訊，無從辨別這些資訊是真的還是假的。許多人都有過做白日夢的經歷，直到別人伸手推你一下，或是在你眼前揮舞一下才會打斷你的思緒。

這個過程有時只有幾秒，有時卻也頗為漫長，這段時間內大腦就像在進行一次虛擬的漫遊。

欺騙大腦的一個經典案例是：1896 年，美國加州大學柏克萊分校的教授喬治・斯特拉頓（George M. Stratton）做了一個視覺實驗。他戴上一種特殊眼鏡，這種眼鏡會讓眼睛看到的東西上下顛倒，就像倒立著看世界一樣。但經過短暫的適應之後，斯特拉頓的大腦被徹底欺騙了，即使他戴著眼鏡，大腦也會把倒立的世界處理成正常的方向，就好像沒戴眼鏡一樣。所以，只要接收到足夠的感知體驗，我們很容易就能進入「虛擬」世界。

Oculus 的首席科學家麥可・亞伯拉什（Mike Abrash）曾這樣說：「即使我們可以看到很多東西，但是這對於大腦重構整個世界來說，訊息量還是太少了，所以在幾億年的進化中，大腦會不斷地訓練它自己，進行『補充』和『猜測』，從而用有限的資訊來重構整個世界。所以，事實上，人們認為自己看到的東西，並不一定就是那個東西真實的樣子。」

人類就像一個外接多種感應器的 CPU，但是充滿了BUG，易受干擾還會自我腦補。來自視覺、聽覺、嗅覺、味覺、觸覺等感覺回饋到大腦中，大腦進行編譯之後形成了我們認為的「真實」，但這未必就是客觀的「真實」。舉兩個簡單的例子，圖 2-2 的線條一和線條二哪個較長？看

起來線條二更長，但實際上它們一樣長，不相信可以用尺量一下，這就是視覺欺騙。

　　接下來圖 2-3 有另一個實驗，用雙眼盯著中心的黑點看，然後看周圍的色塊是否會慢慢消失。從這些例子中可以看出，眼見也會有不為憑的時候。

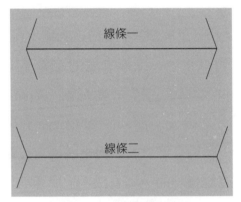

圖 2-2　哪個線條較長？

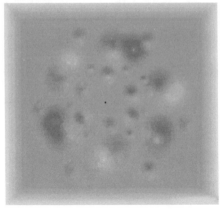

圖 2-3　會消失的色塊

　　以上這些就是要告訴讀者，虛擬實境之所以能夠實現，最大的原因就是我們對「真實」的感知來源於有限的刺激，只要虛擬實境能夠讓這些「刺激」看起來更真實、互動起來更自然，那麼我們的大腦融入虛擬實境世界，就沒有想像中困難。虛擬實境設備也許並不需要去複製一個真實的世界，只需要輸入特定的內容，滿足感官的需求，模擬大腦重構世界的過程，就能讓我們覺得這就是「真實」。

　　這時候我們來看一下虛擬實境的定義。虛擬實境最初是由美國 VPL 創辦人傑容・藍尼爾（Jaron Lanier）在 1989 年提出的，之後 Aukstakalnis 和 Blatner 對虛擬實境做了如下定義：「虛擬實境是人們對電腦極其複雜的資料進行視覺化以及互動操作的一種方法。」簡單地說，虛擬實境就是一種人機互動介面，透過這個介面，我們能與電腦模擬出的虛擬環境自然互動，看到、聽到、聞到、觸摸到與真實世界相同的感受。如果大腦能夠完全得到虛擬環境的回饋，我們就能從虛擬世界中獲得完美的沉浸感。

　　例如，當我們在虛擬世界中看到一杯紅酒，如果我們可以聞到它的氣味，摸到酒杯的溫度，甚至品嘗到紅酒的味道，我們會很容易覺得這就是一杯真實的紅酒。虛擬實境就是利用人們大腦的易欺騙性，透過各種互動和回饋技術實現沉浸感。

▶ 互動性、沉浸性、想像性

　　虛擬實境是與傳統 3D 顯示、全像攝影（Holography）完全不同的概念。美國科學家 Burdea G. 和 Philippe Coiffet 在 1993 年提出，虛擬實境具有三個重要特性：互動性（Interactivity）、沉浸性（Immersion）、想像性（Imagination），簡稱「3I」特性。

　　一、互動性：指用戶透過技術可以與虛擬環境中的物體自然互動，這種互動的準確度和即時度會影響沉浸效果。從滑鼠手柄、語音控制、體感手勢再到意念控制，虛擬實境互動將變得更自然真實。

　　二、沉浸性：是指用戶可以完全被虛擬環境所包圍，並透過各種回饋強化虛擬環境的真實感。沉浸效果是虛擬實境最重要的指標之一，使用者的臨場感也考驗著虛擬實境設備的性能。沉浸性的產生仰賴多重感官性（Multi-sensory）和自主性（Autonomy），多重感官性是指虛擬實境能為用戶提供視覺、聽覺、觸覺、味覺、嗅覺等多種感官功能，且人類獲取資訊的 80％來源於視覺，所以現階段主要透過增強視覺顯示來提升臨場感；自主性是指虛擬世界中的所有物品都應具有獨立活動、相互作用、自主與用戶互動的能力，虛擬物體的表現越自然、可靠，沉浸感就會越強。

三、**想像性**：是指用戶在虛擬實境中可以再現真實環境，也可以任意構想客觀上不存在的場景，用戶並不只是被動接受資訊，還可以產生新意和構想，主動去探索環境和各種資訊。

虛擬實境系統主要由三部分組成：運算渲染層、系統軟體層、顯示互動層，簡單來說就是電腦、虛擬實境系統應用軟體、輸入／輸出設備。

一、**運算渲染層**：主要負責運算渲染任務，電腦、主機、一體機、手機等終端都可以作為環境建構設備。

二、**系統軟體層**：負責模型的建立、渲染和顯示，還負責驅動硬體、立體聲音的生產，對追蹤訊號進行分析，以及產生各種回饋訊號。

三、**顯示互動層**：主要用來輸入與輸出訊號及追蹤人的行為，常見的虛擬實境輸入裝置有：3D 滑鼠、手柄／搖桿、資料手套、全方位跑步機、位置追蹤器、動作捕捉器等。常見的輸出設備有：頭戴顯示器、3D 立體顯示器、CAVE 系統、力回饋等其他回饋設備。

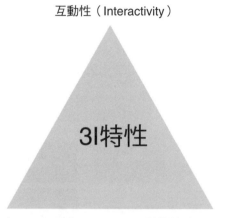

圖 2-4　虛擬實境的「3I」特性

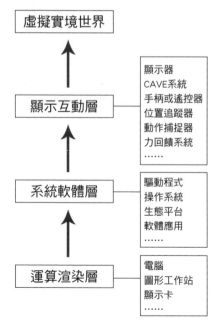

圖 2-5　虛擬實境系統

▶ 科幻小說的現實版：虛擬實境的萌芽期

虛擬實境技術的發展大致可分為四個階段，如圖 2-6 所示。

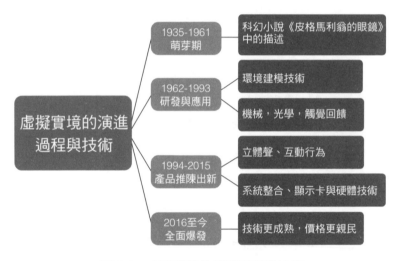

圖 2-6　虛擬實境的演進過程與技術

虛擬實境與許多創新科技一樣，其概念的前身都可以在科幻小說或科幻電影中發現原型。時間追溯到 1935 年前後，科幻小說家史丹利・溫鮑姆（Stanley G. Weinbaum）發表了一篇短篇小說《皮格馬利翁的眼鏡》（*Pygmalion's Spectacles*），小說中的精靈族教授發明了一副眼鏡，戴上這副眼鏡後，就能進入到電影當中，看到、聽到、嘗到、

聞到和觸摸到電影中的任何東西，還可以和故事中的人物
交流。溫鮑姆所描述的「眼鏡」就是對「虛擬實境」的最
初描寫。小說中那副眼鏡，涉及視覺、聽覺、味覺、嗅覺、
觸覺等全方位沉浸式的體驗，在現在看來仍然非常前衛。
這本小說也被認為是第一本提及虛擬實境的科幻小說。

　　1956 年，美國攝影師莫頓・海利希（Morton Heilig）
發明了一台名為 Sensorama 的機器，這款機器具有 3D 顯示
及立體聲效果，還能產生震動和吹風。海利希還在 1960 年
為一項可攜帶的虛擬實境設備申請專利，這項專利與現在
的虛擬實境頭戴裝置非常接近，但並沒有產品原型。

圖 2-7　莫頓・海利希發明的 Sensorama

　　1965 年，伊凡・蘇澤蘭（Ivan Sutherland）教授發表一篇名為〈終極顯示〉（The Ultimate Display）的論文，從電腦顯示和人機互動的角度提出了虛擬實境的構想。蘇澤蘭是一位傑出的電腦科學家，他在 1962 年發明的 Sketchpad 是第一個可以在螢幕上直接建立圖像的系統。

　　1968 年，蘇澤蘭和他的學生鮑伯・斯普洛（Bob Sprull）設計出第一款虛擬實境頭戴裝置 The Sword of Damocles，人稱達摩克利斯之劍，這款頭戴裝置是第一個具有電腦圖形驅動的頭戴顯示器及頭部追蹤系統的設備，它的第一款應用是生成一個懸浮在空中的立方體。這一發明成為虛擬實境發展史重要的里程碑，基於蘇澤蘭在電腦圖形和追蹤互動方面的貢獻，獲譽為「電腦圖形學之父」。

圖 2-8　達摩克利斯之劍

　　1966 年，美國的麻省理工學院（MIT）林肯實驗室在美國海軍研究實驗室的資助下，研發出第一個頭戴顯示器，隨後又將回饋裝置加入到系統中，1970 年，MIT 林肯實驗室又研發出功能較齊全的頭戴顯示器系統。

　　1973 年，互動影像之父麥隆・克魯格（Myron Krueger）提出「人造現實」（Artificial Reality）的概念，這是最早期出現與虛擬實境相關的詞，從字面看，它已經具有了虛擬實境的含義。

　　1978 年，艾瑞克・豪利特（Eric Howlett）發明了 LEEP（The Large Expanse, Extra Perspective 的縮寫），這是一種超大視角的立體鏡成像系統，它盡可能地矯正了在擴大視角時可能產生的變形。

　　1980 年代初，美國的國防高等研究計劃署（DARPA）為坦克編隊作戰訓練開發了一個實用的虛擬戰場系統 SIMNET。

　　1984 年，美國國家航空暨太空總署（NASA）實驗室中的麥格里威（M. McGreevy）和哈弗瑞斯（J. Humphries）博士，開發了虛擬環境視覺顯示器用於火星探測，這個系統可以將火星資料登錄到電腦，模擬火星表面的 3D 環境。之後，NASA 還投入資金研究虛擬實境技術，開發出通用的多感知仿真系統、資料手套、互動介面等技術元件。

　　1984 年這年，虛擬實境之父藍尼爾也成立專門研究虛擬實境的公司 VPL Research，並且先後推出了虛擬實境手套 Data Glove、虛擬實境頭戴裝置 Eye Phone、環繞音響系統 AudioSphere、3D 引擎 Issac、虛擬實境作業系統 Body Electric。不過，VPL 公司最終在 1990 年破產。

　　1985 年，WPAFB 和 Dean Kocian 共同開發了 VCASS 飛行系統模擬器。

　　1986 年，Furness 提出了「虛擬工作台」（Virtual Crew Station）的革命性概念。同年，費雪（S. S. Fisher）、羅比內特（W. Robinett）、麥格里威和哈弗瑞斯發表了虛擬實境系統相關的論文〈虛擬環境顯示系統〉（Virtual Environment Display System）。

　　1987 年，詹姆斯‧佛利（James. D. Foley）在《科學美國人》（*Scientific American*）雜誌上發表了〈進階運算平台〉（Interfaces for Advanced Computing）一文，在這篇文章中，虛擬實境是用 1973 年克魯格提出的「人造現實」一詞來描述。佛利提出了虛擬實境的三個關鍵要素：想像（Imagination）、互動（Interaction）、行為（Behavior），從人機介面的角度闡明了虛擬實境應有的功能。

　　1989 年，VPL 公司創辦人藍尼爾正式提出了「虛擬實境」概念，該詞彙被正式認可和使用。VPL 公司也把虛擬

實境產品正式作為商品，推動了虛擬實境技術的發展。1990年，VPL 公司破產，所有專利都賣給了 Sun Microsystems 公司。如今，藍尼爾在微軟有自己的研究室，主要研究擴增實境技術。

1989 年，豪利特看到 VPL Research 的消費級頭戴裝置售價高達 1 萬美元，也試著推出自己的頭戴裝置 Cyberface，然而並未成功。後來，豪利特和兒子艾力克斯在 2006 年創建了 LEEP VR。LEEP 的鏡頭擁有虛擬實境頭戴裝置鏡頭中最大的視野範圍（FOV），Oculus Rift 的發明者帕爾默 · 拉奇（Palmer Luckey）在 2011 年設計的第一款 Oculus 原型，也是採用了 LEEP 的鏡頭。

從以上的發展可以看出，1974 年到 1989 年之間，是虛擬實境系統的初步成形階段，虛擬實境概念被正式提出，組成虛擬實境的各個設備原型都逐漸研發出來，虛擬實境系統具備了基本功能。

▶ 不斷推陳出新的可能性：虛擬實境的爆發期

1990 年代，虛擬實境迎來了高速發展時期。隨著電腦硬體的高速發展以及軟體系統的同步進化，使得即時渲染的圖像和聲音成為可能，再加上互動技術的創新，虛擬實

境迎來了發展的春天。

1991 年，Virtual Research 推出了 Flight 頭戴裝置，這款頭戴裝置有兩塊 240×120 畫素的顯示螢幕，擁有定位追蹤系統，也是搭配 LEEP 的鏡頭。

1991 年，Virtuality 推出一款由 Commodore Amiga 3000 電腦、頭戴式的 Visette 顯示器以及一系列控制器組成的虛擬實境設備。

1992 年，在國際電腦圖學會議上，Carolina Cruz-Neira 等建立了大型虛擬實境系統 CAVE（Cave Automatic Virtual Environment 的縮寫），使用者佩戴偏振眼鏡，在一個四面都是投影螢幕的房間內，可以看到環繞著自身的立體影像。在該次會議上，SGI 和 Sun 等公司也展示了類似的環境和系統。

1992 年，Sense8 公司開發了「WTK」軟體開發包，縮短了虛擬實境系統的開發時間。

1992 年，Liquid Image 成立，並於 1993 年銷售第一款虛擬實境頭戴裝置 MRG2。

1993 年在 CES 展覽上，Sega MD 主機推出了一款 Sega VR 配件，支援包括《VR 賽車》在內的 5 款作品。但由於未能解決眩暈問題，該產品最終被取消發售。

1993 年，波音公司使用虛擬實境技術設計出波音 777

飛機。同年，美國飛行員利用虛擬實境系統，成功完成了
太空梭的部分操作。

1994 年，虛擬實境模組語言出現，為圖形資料的
網路傳輸奠定了基礎。同年 3 月在日內瓦召開的第一屆
WWW 大會上，虛擬實境模組語言（Virtual Reality Modeling
Language，VRML）被正式提出，之後相繼出現了 X3D、
Java3D 等模組語言。

1994 年，美國 SGI 和比利時的 BARCO 公司在英國設
計了一個虛擬實境系統；次年，High Technology 公司推出
了頭戴裝置 VFX1，2001 年這家公司改名為 VUZIX，之後
還推出了一款擴增實境眼鏡。

1995 年，任天堂發行了一款 Virtual Boy 虛擬實境設備，
但該設備沒有使用任何頭部追蹤技術，而且支援的遊戲有
限，且許多消費者在遊戲時出現眩暈噁心等情況，所以該
產品在發行不到一年後也遭到放棄。1995 年，任天堂推出
了一款 VFX1 Headgear 設備，配備雙 LCD 顯示器和動作追
蹤技術，再加上立體聲揚聲器以及 Cyberpuck 手持控制器，
配合《毀滅戰士》和《雷神之錘》等遊戲的支援，使得這
款設備在當時相當受到歡迎。

1996 年 10 月 31 日，世界上第一個虛擬實境技術博覽
會在英國倫敦開幕。

2012 年，Oculus Rift 登上 Kickstarter 群眾募資平台，Facebook 則在 2014 年 3 月花費 20 億美元，收購了這家公司。

圖 2-9　Kickstarter 網站展示的 Oculus Rift

21 世紀，隨著科技的迅猛發展，越來越多的虛擬實境技術誕生，虛擬實境產品開始進入軍用和民用領域，但同樣受限於內容和技術，虛擬實境尚不到大規模普及的階段。

2016 年，隨著消費級 VR 的 Oculus Rift、HTC Vive 和 PlayStation VR 出現，虛擬實境真正開始走入千家萬戶，因此，2016 年也被眾多媒體稱為「VR 元年」。

▶ 四大虛擬實境系統的發展

虛擬實境是人機互動內容、方式和效果的三重革新。人類對內容的接收，從平面媒體的文字到廣播的聲音、再

到電視的觀看，然後從與電腦的簡單互動到智慧手機的即時互動，最終發展為虛擬實境設備的全面隨攜式感知互動。這是一場從文字到虛擬實境，從視覺到所有感官，從時間到空間的革命！

　　完整的虛擬實境技術，應該能完全模擬自然環境或融入自然環境，產生包括視覺、聽覺、觸覺等感知。這種技術需要奠基於電腦科學、圖形學、光學、聲學、機械學、生物學、心理學等多種學科。可以說，虛擬實境並不是一種單一的技術，而是綜合電腦圖形學、圖像顯示技術、感測器技術、多媒體技術、智慧介面技術、人工智慧技術、多感知技術、音響技術、網路技術等多種技術後所產生。從虛擬實境運算渲染層、系統軟體層、顯示互動層分析，其核心的關鍵技術主要有運算建模及即時 3D 圖像渲染技術、系統開發及工具應用技術、立體顯示及互動感測技術、系統整合技術……等。

　　運算建模及即時 3D 圖像技術代表著硬體技術。只有強大的運算渲染能力才能根據環境變化即時運算渲染，生成需要的資料，建構相應的虛擬環境模型。

　　系統開發及工具應用技術代表著軟體技術。強大的硬體還需要好的軟體去驅動，虛擬實境系統和應用應該充分發揮想像力和創造力，優化整合，提升效果，還需要優秀

的內容大幅提升虛擬實境的使用體驗。

立體顯示及互動感測技術代表著輸入與輸出。高解析度的螢幕或視網膜投影技術，能讓眼睛看到類似真實世界的景象，而互動感測技術能讓人與機器產生互動，加深沉浸效果。這部分技術的最終型態，也許就是大腦與機器直接連結，透過電流刺激產生回饋。

系統整合技術代表著整合能力。虛擬實境需要用到強大的運算設備和眾多的感知互動設備，這些設備如何小型化、資料如何傳輸、人機如何互動回饋等，都考驗著系統整合能力。

按照虛擬實境的用戶使用形式和沉浸程度，可以將虛擬實境分為 4 大類：桌面式虛擬實境系統、沉浸式虛擬實境系統、分散式虛擬實境系統，以及擴增式虛擬實境系統。

一、桌面式虛擬實境系統是應用最方便的一種虛擬實境系統，利用電腦或工作站，以螢幕為媒介展示虛擬世界，透過偏振眼鏡、滑鼠、鍵盤、鏡頭等設備與虛擬世界進行連結，比如虛擬實境試衣間、虛擬實境工作台等。

二、沉浸式虛擬實境系統是一種較高階的虛擬實境系統，它能夠提供完整的沉浸體驗，使用戶彷彿置身於真實世界中，是現階段較理想的虛擬實境系統。這種系統透過 CAVE 裝置或頭戴裝置，把用戶與現實世界隔離，並透過各

種感測器和互動設備為使用者提供完整的虛擬實境空間，比如 Oculus Rift、HTC Vive 和 PlayStation VR 等。

三、分散式虛擬實境系統更強調網路性，它可以將不同的使用者透過網路連結在一起，在虛擬實境世界中彼此交流，共同工作，比如部分虛擬實境網路遊戲、虛擬實境社群等。

四、擴增式虛擬實境系統是將虛擬與現實結合，可以即時進行人機互動，利用科技來擴增實境中無法獲取的資訊和感受，比如 Google 眼鏡等。

▶ 視覺、聽覺、嗅覺、味覺、觸覺的感知模擬

人類所有感官和技能都和大腦有關，而人體的感覺基本上可分為 4 類：一般軀體感覺、特殊軀體感覺、一般內臟感覺、特殊內臟感覺。痛覺、溫覺等觸覺屬於一般軀體感覺；視覺、聽覺等屬於特殊軀體感覺；心疼、餓了等屬於一般內臟感覺；嗅覺、味覺等屬於特殊內臟感覺。此外，感受指肌、腱、關節等肌肉在不同狀態時產生的感覺屬於本體感覺，比如閉上眼睛，仍然知道手的位置以及狀態。

總的來說，人類對自然的感知主要透過視覺、聽覺、嗅覺、味覺、觸覺、一般內臟感覺以及本體感覺，其中視

覺、聽覺、嗅覺、味覺、觸覺五種感覺，是人類感知外界的主要方式。

人類的感覺器官有限，所以我們看到的、聽到的、聞到的、品嘗到的、觸摸到的東西，只是一種不夠精確的表象。而且大腦非常容易受騙，依靠大腦的腦補和想像，我們可以在虛擬實境中輕易完成環境建構。也許未來，虛擬實境技術將不再借助設備去刺激五官，而是直接刺激大腦模擬出所有的感覺，虛擬與現實的界限將再一次被模糊，那時候你還能分清虛擬和現實嗎？

視覺：不只螢幕顯示，還能視網膜投影

在日常生活中，80%的外界資訊都是由視覺系統感知、接收和處理。人的眼球直徑在 24mm 左右，後半部被視網膜覆蓋。視網膜由 1.1 億到 1.3 億個感受黑白的桿狀細胞，和 600 萬到 700 萬個感受彩色的錐狀細胞組成。視網膜邊緣的解析度很低，中央凹處解析度極高。

另外，人眼具有很強的動態調節適應能力，虛擬實境技術現階段還很難滿足人眼對環境的感知變化，是使用者體驗的主要瓶頸之一。現階段，虛擬實境內容傳入人眼的途徑主要有兩種：一種是透過螢幕顯示，由人眼觀看螢幕獲得內容；另一種是透過投影技術，將畫面直接投射到視

網膜上。

　　第一種技術應用簡單，使用較普遍。低至手機螢幕，高至 4K 螢幕，都可以作為顯示器，但這些產品都或多或少存在缺點，比如一定程度的顆粒感、邊緣失真、黑邊、延遲、畫面更新率過低、對比度不夠等。如果需要獲得更好的虛擬實境體驗，設備就需要具有高畫面更新率、低延遲、高解析度等特點。目前，虛擬實境設備需要達到解析度 2K 以上、延遲 20ms 以內，螢幕更新率在 60Hz 以上，視野範圍在 95 度以上，才算達到入門標準。

　　根據 AMD 公司的計算，人類視網膜中央凹能達到 60 個 PPD（Pixels Per Degree 的縮寫，每度畫素）的可視度，在水平 120 度、垂直 135 度的視野下，兩隻眼睛的視野可以達到 1 億 1600 萬畫素，換算成解析度大概就是 16K。虛擬實境設備需要達到解析度 2K 以上，才能提供及格的顯示效果。

　　目前，市面上解析度達到 4K 的虛擬實境設備並不多，中國科學院雲計算中心與深圳威阿科技有限公司聯合推出的蜃樓 TV-1、小派科技在 2016 年 4 月 7 日發表的小派 4K 等，4K 設備解析度達到了 3840 × 2160 畫素，可以為使用者提供較佳的顯示效果。

　　另外一個做法，就是讓眼球注視的地方顯示較高解析

度，而視野外圍使用較低解析度。在 2016 年 CES 展覽上，一家德國公司就展示了注視點渲染眼球追蹤技術，局部渲染功能讓硬體優先使用高解析度渲染眼球中央的圖像，視野周邊用較低解析度的渲染，從而提升渲染效果，減少設備運算量。

第二種顯示技術則是直接將畫面投射到眼球。Google 眼鏡、Avegant Glyph、Magic Leap 等都使用了類似技術。不同的是，Google 是單眼投影，透過一個微型投影儀和半透明稜鏡，將圖像投射在視網膜上；Avegant Glyph 採用兩個獨立投影儀，運用 VRD 虛擬視網膜技術（Virtual Retinal Display 的縮寫）；Magic Leap 採用的是光纖投影儀技術。投影技術可以實現更為細膩逼真的 3D 效果，而且畫面直接投影到視網膜，緩解了眼睛盯著螢幕產生的疲勞感。

Magic Leap 的原理就是依靠技術還原物體所有的光線，完美再現物體的光場。光場（Lightfield）的學術概念早在 1939 年就已經提出，用於描述空間中任意點在任意時間的光線強度、方向、波長。理論上，只要完整記錄物體的光場，再透過光纖投影儀將光場資訊傳送到視網膜上，我們就會「看見」這個物體，並認為它是真實存在的。

聽覺：身歷其境的環繞音效

　　音效在虛擬實境體驗中的占比僅次於視覺，許多虛擬
實境設備都配備耳機，以提供較好的環繞音效。Google 的
Cardboard 部門最新的 SDK，支援開發商把空間音效整合到
應用程式中，開發者可以把錄製好的聲音放到 3D 空間裡的
任何地方。用戶轉頭會聽到聲音有強弱變化，而且還能直
觀地感覺到聲音發出的方向。想像一下，玩恐怖遊戲時，
後方出現的聲音是不是讓你毛骨悚然呢？

圖 2-10　深圳東方酷音推出的 Coolhear V1

　　有些廠商還針對虛擬實境單獨發售了配套耳機，以提
供完美的環境聲音。比如三星推出的 Entrim 4D，結合了內
耳前庭刺激和電腦演算法，讓使用者感受到由不同動作帶
來的聲效變化，從而提升虛擬實境體驗。2015 年，深圳東

方酷音推出了一款 3D 全息互動耳機 Coolhear V1，號稱可以即時處理輸入音訊檔的聲場方位及聲音的空間軌跡，實現較好的虛擬實境互動 3D 音效。

觸覺：如何清楚呈現重量、震動與後座力？

現階段虛擬實境對觸覺的回饋主要有兩種方式：一種是穿戴式，一種是桌面式。

以射擊遊戲為例，射擊有瞄準、發射等動作，伴隨著開槍聲，玩家還可以清楚感受到重量與後座力。在虛擬實境的世界中，瞄準、射擊等動作，還有震動及重量可以透過手柄呈現，甚至可以讓玩家看到準心上揚、彈道偏移，槍響的部分也不難，但後座力卻很難做到。還有很多時候，玩家需要拿起一個物品、用手臂抵擋傷害等，遊戲畢竟是遊戲，誰也不想真正疼痛或受傷，但虛擬實境中的觸覺感受應該更豐富一些，依靠手柄震動、搖晃的椅子、噴水吹風，還不足以完整地展現虛擬實境體驗。僅僅一個「拿」的動作，觸覺回饋能完美呈現嗎？

很遺憾，現在還不能，不過科學家正在努力。目前比較先進的回饋設備有法國 HAPTION 出品的力回饋設備；美國 Sensable Technologies 公司出品的桌面級產品 Sensable PHANTOM Omni 力回饋設備等。另外，日本的 Miraisens

公司研發的 3D 觸覺技術，可以透過視覺圖像和戴在指尖的
震動裝置共同作用，產生觸摸回饋。美國萊斯大學（Rice
University）的研究人員研發出一款觸覺手套 Hands Omni，
Hands Omni 指尖藏有氣囊，空氣會隨著遊戲膨脹、縮小，
為手部提供觸覺。

圖 2-11　Sensable PHANTOM Omni 力回饋設備

2013 年，Tactical Haptics 開發了一款觸覺控制器，這款
產品使用 Reactive Grip 技術，觸覺回饋的能力極佳。它使
用手上的摩擦力模仿抓住物品的觸覺、滑動設備進行動覺
回饋等，總體來說就是透過控制器提供動覺，誘使大腦補
充觸覺反應。

2016 年，特斯拉工作室（Tesla Studios）推出了號稱全
世界第一款的「全身觸覺緊身衣」—— Teslasuit 智慧緊身
衣，Teslasuit 配備了 16 個或 52 個神經肌肉電子感測器，它
能夠發出輕微的電脈衝，模擬各類日常感覺，比如熱、水、

風以及觸摸，用戶甚至可以感覺到「擁抱」。

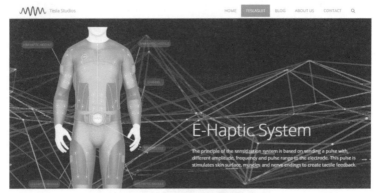

圖 2-12　Teslasuit 智慧緊身衣

味覺與嗅覺：模擬出來的香氣和苦甜

你想聞到虛擬實境世界中海風的味道，或者品嘗到美味的虛擬大餐？依靠氣味塔和風扇系統或許能感知一二。一家名為 FeelReal 的公司打造了一套能刺激嗅覺、觸覺的虛擬實境面具 FeelReal Mask。FeelReal Mask 裝有氣味產生器，能蒸發出香料混合劑，從而為使用者根據虛擬環境傳遞相應的氣味。這款面具還能產生熱和風，讓使用者產生多種模擬感覺。

新加坡國立大學（National University of Singapore）科學家開發出一種電極，它能夠類比人的味覺訊號。把電極直接放在舌頭上，透過電擊方式模擬甜、鹹、苦和酸 4 種

味道。這支團隊還研究如何添加嗅覺刺激，最終提供逼真的味覺體驗。

圖 2-13　FeelReal Mask 氣味產生器

▶ 11 種感測追蹤，讓互動回饋更真實

目前而言，虛擬實境產業的三大核心——顯示器、內容和互動方式，顯示器和內容已經有了一定的標準，唯獨互動方式百花齊放，發展出了各式各樣的分支。虛擬實境技術融入了更多複雜多樣的互動手段，很難有一種通用的模式，我們也不能奢望出現一套通用設備解決所有的互動難題。可以預見，未來虛擬實境產業日趨成熟後，我們仍會以不同的方式進行虛擬與現實的互動。

按感測器或位置的不同，可以將互動分為如下幾類：

一、頭部追蹤：頭部追蹤是現階段虛擬實境設備都具

備的功能，依靠鏡頭、陀螺儀、重力感應器、鐳射定位器、加速度計等感測器，頭戴裝置設備可支援 6 個自由度的追蹤。使用者透過轉頭、抬頭、移動等動作進行定位和互動。

　　二、手柄控制：手柄是現階段虛擬實境應用最廣的互動設備，傳統手柄、體感手柄、體感槍、體感方向盤、搖桿控制器、藍牙體感遙控、體感棒、觸控板等設備均可歸於此類。手柄控制對用戶來說，學習成本低、識別精確，但缺點就是沉浸感不強，互動模式不自然，所以只是虛擬實境的過渡形態。

　　三、手勢追蹤：依靠鏡頭及感測器，虛擬實境可以實現一定程度的手勢追蹤，進而將手勢轉化為命令，與設備進行互動。用鏡頭進行光學手勢追蹤，優勢在於使用門檻低，場景靈活；缺點就是受限於場地、視角和精確度。鏡頭照不到的地方無法追蹤，沒有動作規範就不易識別，使用手勢太久會很累等情況仍然存在。使用資料手套等設備可以依靠慣性感測器，來追蹤用戶手指及手臂的運動，這種互動的優勢在於沒有視角限制，而且完全可以在設備上整合回饋機制，比如震動、發熱、觸摸以及力回饋等。缺點是需要額外穿戴設備，對手臂運動也是一種束縛。未來，資料手套或許可以足夠簡化甚至植入人體皮層中，讓人感覺不到它的存在。

　　四、眼球追蹤：虛擬實境內容主要透過視覺傳遞給使用者，所以眼睛的作用格外重要，Oculus 創辦人拉奇曾稱眼球追蹤為「虛擬實境的心臟」。眼球追蹤技術對於人眼位置的檢測，能夠確保為眼睛提供最佳的景深、視角和效果，從而解決部分用戶不適應及眩暈等問題。

　　眼球追蹤技術還可以獲知人眼真正的焦點，利用局部渲染技術讓硬體優先用高解析度渲染眼球中央的圖像，視野周邊則用較低解析度渲染，從而提升渲染效果，減少運備計算量。SMI 公司發表的補充眼動追蹤技術被應用到 Oculus Rift DK2 套件中；Tobii 公司與 Starbreeze 合作，眼球追蹤技術將應用到 FOV Star 頭戴裝置中。

　　五、全身動作捕捉：透過在身體各個運動關鍵部位穿戴感應器或穿戴全身智慧緊身衣等方式，可以實現一定程度上的全身動作追蹤。Kinect 等類似的光學設備，也會應用在某些對精確度要求不高的互動場景中。動作捕捉還被用於影視拍攝中，《魔戒》裡的咕嚕、《阿凡達》裡的納美人等經典虛擬形象，都是透過 Motion Capture 動作捕捉技術而生成。先用多個攝影機捕捉真實演員的動作，然後將這些動作還原，並渲染至虛擬形象身上。

　　2016 年，中國動作捕捉公司諾亦騰發表了名為 Project Alice 的虛擬實境解決方案，用於遊戲和影視製作中的動作

捕捉。OBE Immersive gaming 夾克衫是一種可穿戴的互動服裝，內建了力回饋裝置、觸覺控制器、動態捕捉感應器、生物指標探測器等。用戶穿上它後，就可以和虛擬世界進行互動。比如，利用手部的觸覺控制器進行射擊，利用力回饋裝置模擬被擊中的感覺。德國哈索普列特納研究所 HCI（Human-Computer Interaction 的縮寫）實驗室的研究人員，開發出一款 Impacto，玩家可以用它來體驗虛擬實境拳擊遊戲。Impacto 配備了震動和肌肉電刺激系統，可以透過電流刺激肌肉收縮運動，讓拳擊運動的感覺更真實。

圖 2-14　中國諾亦騰的虛擬實境解決方案

六、位置或場地追蹤：在 The Void、Zero Latency 等虛擬實境主題樂園中，會使用多個體感感應器（如 Light house、PlayStation Eye、微軟 Kinect）對每個玩家用指定的感應器

進行即時追蹤，以實現多人在虛擬實境中互動。

　　七、表情識別：識別表情能讓機器獲取人類的情感，根據情感的不同，虛擬實境可以產生不同的回饋。首先透過鏡頭等設備獲取人臉圖像，然後再確定人臉的位置和大小，根據其特徵識別表情。美國的 Reach Bionic 公司開發了一個名為 Conjure 的控制系統，透過分析使用者的面部肌肉運動，來追蹤用戶的面部表情。

　　八、呼吸：Oculus Share 有一款用呼吸來控制的虛擬實境遊戲《DEEP》，透過在用戶胸部綁定探測器，蒐集呼吸資料，並以此來控制遊戲角色。

　　九、語音控制：在虛擬實境世界，語音不僅可以用於使用者間聊天，還可以用於人機互動。使用語音來控制機器也是一種可行的對話模式。雖然讓機器完全理解人類語言還有困難，但是讓特定詞語實現特定指令並不困難，比如「鎖定」、「打開」、「關閉」、「前進」、「後退」等。

　　十、腦波控制：透過大腦，用意念控制機器是不是很酷？腦波控制已經取得了初步成果，比如美國神念科技（NeuroSky）公司設計的意志力訓練工具；北京視友科技的「腦波賽車」等各式各樣的腦電波控制設備。終極的腦波控制應該能夠像《駭客任務》那樣，對大腦直接起作用，產生所有「真實」的感覺。

十一、其他輔助互動設備：現階段虛擬實境還有很多五花八門的互動模式，比如全方位跑步機、虛擬實境蛋椅、Turris 座椅、虛擬實境賽車、虛擬實境腳踏車、全息甲板、虛擬實境飛行模擬艙等。除了上述之外，還有一些其他互動模式，比如有借助牙齒咬力的、有借助耳機的……，隨著技術發展，更多的互動需求和對話模式也會應運而生。

圖 2-15　Turris 虛擬實境座椅

▶ 擴增實境翻轉出版、教育與媒體，讓現實更不一樣

擴增實境技術是一種即時感知現實世界的方位及角度，並加上相應圖像的技術，這種技術的目的是在螢幕上把虛擬世界嵌入現實世界之中。它可以將真實世界的資訊和虛擬世界的資訊「無縫」疊合，把原本在現實世界的特定時

間、空間範圍內很難體驗到的虛擬資訊，透過技術將它們即時地疊合到同一個畫面或空間並同時存在，從而被人類感官所感知，達成超越現實的感官體驗。

擴增實境（AR）與虛擬實境（VR）有什麼不同呢？簡單來說，虛擬實境是建構一個完全虛擬的世界，強調互動性、沉浸性、想像性；而擴增實境是將虛擬與現實疊合，為現實世界提供豐富的虛擬資訊，增強感官體驗。

擴增實境的功能排序應該是「CV/AI演算法」＞「顯示」＞「通訊」（註：CV 為 Computer Vision，電腦視覺；AI 為 Artificial Intelligence，人工智慧）。虛擬實境最重要的則是顯示，以提供沉浸感為主；通訊功能則是手機最核心的模組。擴增實境需要處理環境內物體的識別、定位、追蹤和建模等問題，對 CPU 和 GPU 有較高要求。

簡單來說，擴增實境是把虛擬資訊疊加於真實世界之上，傳遞更多的資訊；虛擬實境是完全建構一個虛擬世界，讓人沉浸其中；介於兩者之間的則稱為「混合實境」（Mix Reality，MR），虛擬資訊不僅疊加於真實世界中，而且可以與真實世界互動。實現擴增實境的技術難度通常會高於虛擬實境。

HoloLens 和 Magic Leap 是兩款比較著名的擴增實境設備，使用的技術略有不同。HoloLens 是由微軟打造的擴增

實境設備,與 Oculus Rift 不同的是,HoloLens 並不是為你打造一個完全不同的虛擬世界,而是創造一個僅有佩戴者可觀察的環境。在這個環境中,虛擬物品與現實世界完美疊合,用戶可以行走自如,隨意與其他人交談,不必擔心設備沉重,也不必擔心撞到牆壁。HoloLens 眼鏡將會追蹤你的行動和視線,生成合適的虛擬對象,透過光線投射到佩戴者眼中,HoloLens 還可以透過手勢與虛擬 3D 對象進行互動。

Magic Leap 成立於 2011 年,是一家美國擴增實境公司,先後獲得 Google、高通資本、KKR、Vulcan Capital、KPCB、Andreessen Horowitz、Obvious Ventures、阿里巴巴等機構的投資。Magic Leap 借助光纖投影技術,將虛擬畫面投射到眼球。

感知部分,在技術方面 HoloLens 和 Magic Leap 沒有太大的差異,都是利用空間感知定位技術,不同的是顯示部分。HoloLens 採用半透玻璃,與 Google Glass 方案類似,用 DLP 投影再經過透鏡折射顯示,顯示的虛擬物品是實的,而且是 2D 的,沉浸感較低。Magic Leap 使用光纖投影技術,直接向視網膜投射虛擬畫面,效果更逼真。理論上,人們透過 Magic Leap 看虛擬物體和看真實物體,是沒有什麼區別的。

2015 年底，中國亮風台推出了一款擴增實境眼鏡 HiAR Glasses，亮風台首席執行長廖春元表示：「HiAR Glasses 可以真正實現全息立體圖像，雙眼一起看能得到更大的視角，相當於 2 公尺左右的 60 吋大螢幕。這樣，不管坐飛機、高鐵，看影片都會有很好的觀影效果。」另外，杭州藍斯特在智慧眼鏡的光學成像領域有很深的技術累積，其 EnhancedView 光學可穿透成像技術被美國電機電子工程師學會（IEEE）評為 2010 年度全球 5 大創新獎之首，還推出過數款擴增實境智慧眼鏡。

在中國，一些擴增實境技術應用主要透過手機和平板電腦來顯示虛擬畫面，比如「奇幻嘩嘩」、「視 +AR」、「超次元」、「夢莊 AR」、「AR 識別卡」、「AR 塗塗樂」等。目前，擴增實境技術主要應用於出版、媒體、行銷、教育、展覽、醫療、建築、設計、娛樂等領域，主要的應用場景有以下幾種：

一、玩具開發：市場上已有多種型態的擴增實境玩具，比如拼圖、地墊、戰鬥卡、識別卡、變形金剛、芭比娃娃、車子模型等，擴增實境技術為玩具提供了更多的玩法和互動方式，為玩具注入了酷炫的科技概念，以虛擬與現實相結合的方式，擴展了使用者使用玩具的感官體驗。

二、圖書出版：擴增實境技術可應用於 4D 卡片、著色

書、繪本故事書等產品中，擴增實境技術讓這類圖書脫離了紙張的 2D 平面，以立體的方式展現圖書內容，改變了傳統圖書的單一性和乏味性。利用擴增實境技術，虛擬世界與現實世界融合了，為兒童提供無與倫比的視聽閱讀體驗，充分激發了兒童的創造能力和空間思維能力，為圖書出版的發展提供了無限遐想。

三、廣告媒體：擴增實境技術可以完美應用於廣告傳媒產業，報紙、宣傳手冊、名片、企業 LOGO、網站等媒介都可以作為擴增實境廣告的載體，讓傳統的廣告脫離 2D 平面，以更立體多樣的方式展現，為受眾提供豐富的視聽體驗。擴增實境的趣味性、互動性也讓受眾更具分享動力，能將資訊的傳播範圍最大化。比如房地產業的室內平面圖等，都可以用擴增實境的方式展示，更具科技感與吸引力，加大潛在買家認同感。

四、教育學習：擴增實境作為教育工具應用在課堂上，將為兒童展現一個有趣、可互動的教育方式，不僅可以寓教於樂，滿足學生探索的好奇心，還能以創新的方式傳授知識。透過擴增實境技術，課本將會鮮活起來，書中的風景和知識將能以動態 3D 的方式展現在學生眼前，教育學習的方式將迎來一次大革新。

　　擴增實境被美國《時代》（*Time*）雜誌列為當前最具活力和前景的十大技術之一。目前，擴增實境技術仍處於高速發展階段，以 Google、微軟、Magic Leap、阿里巴巴、高通、蘋果為代表的企業積極參與投資或研發，在近年獲得了大眾的廣泛關注。未來，虛擬實境技術可應用於各行各業的各種豐富場景中，賦予傳統的資訊、產品新的舞台，提高產品溢價、提升客戶黏著度，讓企業擁有更強而有力的創新競爭力。

3

桌面VR、行動VR到
主題公園的百花齊放

　　對於虛擬實境產業來說，2016 年是一個特殊的年份，Oculus Rift、HTC Vive 和 PlayStation VR 的消費者版本相繼發表，使得虛擬實境真正開始走入千家萬戶。2016 年在北京舉辦的「中國發展高層論壇 2016 年會」上，Facebook 執行長祖克柏暢談虛擬實境的未來，稱 2016 年是「消費級 VR 元年」。「2016」在媒體的眼中還有一些其他稱號，比如「VR 快速發展元年」、「VR 爆發元年」、「VR 內容元年」、「VR 黃金元年」、「VR 產業化元年」等。2016 年，從 CES、MWC 到再到 GDC，幾乎所有電子、科技、遊戲類博覽會上，虛擬實境都是絕對的主角，「虛擬實境元年」的稱號可謂實至名歸。

　　2016 年的虛擬實境產業會有哪些不同？仔細分析就能看出一二。

　　一、VR 的媒體關注度增加：在 2016 年之前，虛擬實境還只是小眾話題，但經過 2015 年的醞釀，2016 年虛擬實境的媒體曝光率開始飆升，更多的群體開始接觸並了解虛擬實境，越來越多人意識到虛擬實境的價值和機會。媒體的光環更讓潛在用戶增多，不僅普及了虛擬實境的概念，還激勵了虛擬實境技術的發展。從百度指數來看，2015 年以前，虛擬實境的搜尋指數不及 1,000 點，但從 2015 年下半年開始，虛擬實境概念開始爆發，2016 年 4 月搜尋指數

達到了約 35,000 點，媒體指數達到約 760 點，從目前趨勢來看，這個數字還會繼續上漲。

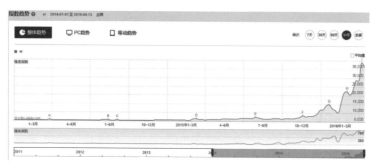

圖 3-1　虛擬實境的搜尋指數和媒體指數（資料來源：百度指數）

二、虛擬實境新創公司增加，投資資本也增加：虛擬實境熱度持續不減，相關創業者更是前仆後繼，很多原本還在觀望的資本已經有些迫不及待地紛紛注入，優秀的虛擬實境公司受到資本青睞，融資額度也與日俱增。在中國，中小創業者湧入，不少從大公司離開的高階主管也加入創業隊伍，虛擬實境產業的新創公司從 2014 年的數十家，迅速增加到數百家。中國網路業的大公司如阿里巴巴、百度、網易、暴風影音、騰訊、小米、迅雷、樂視等，均已在虛擬實境領域中布局。

三、虛擬實境從業者增加：虛擬實境概念的爆紅也吸引了越來越多的從業者，從技術工作到內容生產，國內外相關從業人數均大幅增加，虛擬實境從業者的數量和品質

都進入新的階段。2016 年，虛擬實境從業人數比 2015 年年初至少增加 50 倍。從業者的增加還會為產業發展帶來更快的進步，有實力的開發者、設計者也能為虛擬實境貢獻更有創意、更優秀的作品。

四、市場上的消費者級虛擬實境設備增加：各種品牌五花八門的虛擬實境設備出現在市場上，虛擬實境消費市場將形成一定規模，而消費者可選擇的虛擬實境設備，不論是類型上還是數量上都變得非常多，優勝劣汰的機制開始生效，存活下來的產品將逐漸占領市場。除了虛擬實境設備，內容方面的虛擬實境影片、虛擬實境遊戲、虛擬實境社交、虛擬實境解決方案以及全景相機、虛擬實境感知技術、虛擬實境互動技術、虛擬實境生態平台、虛擬實境主題公園、虛擬實境線下體驗館等都如雨後春筍般，不斷湧現。

五、虛擬實境的技術更新更快：充足的研發資金將催生新的技術，並促使其不斷演進與更新，技術成本也因用戶增加而降低。

六、虛擬實境內容更加五花八門：虛擬實境的普及促使更多的內容生產者進入虛擬實境領域，刺激虛擬實境相關設備如全景相機、虛擬實境眼鏡的銷售，又回頭促發更多的虛擬實境內容，讓更多的優質內容成為可能。

七、體驗虛擬實境的方式更多元：虛擬實境主題公園

或線下體驗館將會增加，將來還會出現類似虛擬實境影院、虛擬實境遊樂場、虛擬實境網咖等場所，再加上虛擬實境設備的普及，消費者將有更多機會，感受到虛擬實境帶來的震撼體驗。

▶ 四個有待克服的瓶頸

雖然虛擬實境正如火如荼，但是我們也要認清虛擬實境產業存在的一些問題，不能盲目樂觀，避免走入歧途。現階段虛擬實境產業具有以下一些發展瓶頸：

一、硬體仍需完善：雖然以 Oculus Rift、PlayStation VR、HTC Vive 為代表的虛擬實境頭戴裝置設備已經開始銷售，也取得了亮眼的成績，但是虛擬實境頭戴裝置的硬體技術仍有完善空間，特別是解析度、可視範圍、更新率等指標還無法達到消費者期待的水準。現有的桌面式頭戴裝置設備過於臃腫，行動式頭戴裝置設備又限於性能不足、佩戴不舒適或體驗不佳等問題，難以滿足消費者的需求。

二、技術仍需進步：虛擬實境相關技術仍有很多不成熟之處，各種介面、標準、互動模式極不統一。

三、內容的質與量尚有待強化：與五花八門的虛擬實境設備相比，優秀的虛擬實境內容還非常缺乏。內容是留

住使用者的殺手鐧,如果設備沒有內容支援,將會成為空殼。現階段虛擬實境主要有影片和遊戲兩種類型的內容,目前支援虛擬實境體驗的影片、遊戲等產品的數量,遠遠未能滿足用戶的需求。

四、價格與產能:目前虛擬實境產品價格偏高,如 Oculus Rift 的價格是 599 美元、HTC Vive 的價格是 799 美元、PlayStation VR 消費者版的價格是 399 美元,中國一些一體機或桌面虛擬實境設備的價格也普遍在 3000 元人民幣左右。並且,桌面虛擬實境設備還需要配備高性能電腦或主機使用,進一步增加了使用成本。相對而言,Cardboard 類型的虛擬實境設備價格便宜,但是效果普通。產能也是限制虛擬實境發展的重要因素,消費者的熱情已被點燃,但是倘若優質產品遲遲無法買到,將會在一定程度上影響消費者的積極性。

▶ 從 Oculus 最初的故事說起

Oculus 創辦人拉奇是一位 1992 年出生的美國人,出身平凡,家境普通,父親是位汽車銷售員,母親是位家庭主婦。在家裡 4 個孩子中,他排行老大。拉奇從小就是一名資深電子愛好者和科幻電影愛好者,喜歡拆解各類電器並改

裝它們。15 歲那年，他創立了一個叫 ModRetro 的電子愛好
者社群，專門用來與喜歡改裝老式遊戲機的玩家交流。直
到今天，ModRetro 仍是網路上最大的遊戲機改裝論壇之一。

　　2009 年，16 歲的拉奇在加州州立大學長灘分校攻讀新
聞學學位。誰也不曾想到，這個愛打遊戲的新聞系學生會
創立 Oculus，成為一段傳奇。

圖 3-2　**帕爾默・拉奇**（資料來源：2012 年 Oculus 群眾募資影片）

　　拉奇對遊戲和科幻非常著迷，比如遊戲《超時空之鑰》
（*Chrono Trigger*）、《黃金眼 007》（*Golden Eye 007*）以
及科幻電影《駭客任務》，為了獲得更好的遊戲體驗，他希
望能夠買一個可以進入遊戲中的虛擬實境頭戴裝置。他說：
「我當時並非要發明什麼，我只是想買一個那樣的頭戴設
備。」於是，拉奇透過修手機、賣二手手機賺錢，然後低
價買進各種罕見的舊式頭戴設備。在買進了包括 VR920、

Z800 在內的 56 個頭戴設備後，他還是沒找到心中期望的那款設備。

看來只能自己動手了。拉奇把買來的舊式頭戴裝置拆解開來，研究它們的結構和原理，找出它們的優缺點，並嘗試改裝成自己需要的樣子。經過一次次的摸索改裝，2012年4月，19歲的拉奇終於在自家的車庫完成他的第6個「純手工」虛擬實境原型機：Oculus Rift。Rift 是裂縫的意思，拉奇想把這個設備做成連結虛擬和現實的一道出入口。

拉奇對自己創造出的玩意愛不釋手，忍不住到他的 ModRetro 論壇去炫耀，描述這個東西有多好，如何創造出超凡的遊戲體驗。這次炫耀引起了「3D 遊戲教父」約翰‧卡馬克（John Carmack）的強烈興趣，當時卡馬克也經常在論壇上發文，因為他自己也在鑽研虛擬實境。拉奇馬上送了一台給他，這是他的第一個貴人。後來，借著 E3 大展的機會，卡馬克親自用這個原型展示了《毀滅戰士3：BFG 版》（*Doom 3: BFG Edition*）遊戲，把 Oculus Rift 介紹給全世界，受到了全世界玩家的關注。

2012年8月1日，Oculus Rift 上架群眾募資平台 Kickstarter，它的群眾募資宣言就是：「徹底改變玩家對遊戲的認知。」起初，拉奇的募資目標是 25 萬美元，不到一天，這個目標就達成了。一個月之後，Oculus Rift 總共獲得了 9,522 名支

持者的支持，2,437,429 美元的資金，超過預期約 10 倍。

　　雲端遊戲公司 Gaikai 的產品總監布倫丹·伊萊布（Brendan Iribe）對 Oculus Rift 產生了濃厚興趣，看完產品，深深震撼的伊萊布當下就決定投資。正是在此期間，拉奇輟學創辦了 Oculus 公司，Oculus 在拉丁文中是「眼睛」的意思，即一隻看見虛擬世界的眼睛。伊萊布和麥可·安東諾夫（Mike Antonov）加入了該公司，分別擔任首席執行長和軟體架構師。

　　在發售硬體的同時，Oculus 和 Unity、Epic Game、Valve 等公司展開了合作，SDK 開發包釋出後，每天都會有十幾款新遊戲或 Demo 支援 Oculus Rift，Oculus VR 在軟硬體上都交出了遠高於大眾預期的成績單。

圖 3-3　Oculus Rift 至今仍展示在 Kickstarter 上

　　市場的狂熱讓 Oculus Rift 成了明星，各種展覽會人們皆蜂擁而至，排隊四、五個小時，只為一睹虛擬實境的風采。和很多創業者一樣，年輕氣盛的拉奇仍希望公司保持獨立，但 Oculus 獨立營運的時間並不久。2013 年 6 月 17 日，Oculus A 輪融資 1,600 萬美元，投資方來自 Spark Capital 和 Matrix Partners，公司估值達 3,000 萬美元。2013 年 12 月 12 日，Oculus 獲得 Andreessen Horowitz 的 B 輪投資 7,500 萬美元，估值已達 3 億美元。

　　拉奇只想專心做產品，他只保留了創辦人的身分，所有的營運和融資工作都交給了首席執行長伊萊布負責。2014 年 1 月，在 Oculus 的 B 輪投資人 Andreessen Horowitz 穿針引線之下，祖克柏和伊萊布進行了首次通話。

　　「這個技術最大的市場是什麼，僅僅是遊戲嗎？」祖克柏問。

　　「目前看來，主要是遊戲。」伊萊布回答。

　　祖克柏瞬間失去了興趣，他想為 Facebook 尋找下一代運算平台，一個遊戲裝置還不足以打動他。但他還是在辦公室體驗了 Oculus Rift，祖克柏在體驗過 Oculus 後被深深震撼了，隨後伊萊布邀請祖克柏前往 Oculus 公司，試試更先進的版本。在 Oculus，拉奇與祖克柏匆匆一瞥，自我介紹完之後便走了，他要去繼續工作。祖克柏有些吃驚，

並希望能與 Oculus 展開任何形式的合作，只要能夠提升 Oculus 的虛擬實境體驗。在接下來一段時間裡，Facebook 與 Oculus 在收購價格上出現了爭議。Facebook 提出以 10 億美元全額收購，但伊萊布認為價格過低，雙方就此僵持，交易也一度擱置。

後來，Facebook 以 190 億美元收購了社交軟體 WhatsApp，這讓伊萊布看到了希望。祖克柏在位於帕羅奧圖的家中接待了伊萊布，並提出了一個新的收購方案，出價 20 億美元，其中 4 億美元是現金支付，還有 16 億美元的股票，以及額外 3 億美元的鼓勵資金。祖克柏還承諾，Oculus 將保持獨立營運，Facebook 只在管理和資金上提供必要的支持，並稱：「希望 Oculus 能成為 Facebook 長遠的未來。」2014 年 3 月 26 日，雙方達成協議，Oculus 被 Facebook 以 20 億美元收購。

祖克柏對拉奇說：「我想我能幫你提高 Oculus 的硬體品質，並且把它的價格控制得更低。」2014 年 7 月，第一批 DK2 開始配送。2014 年 9 月，Oculus 和三星合作開發了 Gear VR。2015 年 1 月的 CES 上，Oculus 展出了新的原型機 Crescent Bay。2016 年 CES 上，Oculus 宣布了新一代 Oculus Rift 消費版（CV1）的預購時間及價格。在 2016 年 1 月 7 日預購當日，第一批 4000 個 Oculus Rift CV1 套件在

短短 15 分鐘內被預訂一空，而且售價高達 599 美元。

拉奇在接受採訪時表示，Oculus 接受收購的原因一是祖克柏完全贊同 Oculus 的長期願景，不會干涉 Oculus 的發展決策；二是被 Facebook 收購後，Oculus 將有更多的資金用於招聘人才，以及自主研發虛擬實境所有的配套硬體。

被收購之後，擁有 25％股份的拉奇身價瞬間逼近 6 億美元，成了矽谷億萬富翁俱樂部裡年紀最小的成員。但拉奇的生活並沒有變化，他依然穿著廉價 T 恤，踩著人字拖走來走去。他不喜歡穿鞋子，甚至一有機會就把鞋脫掉扔在一邊。

「為什麼要穿鞋呢？人們穿鞋是為了保護腳，既然沒有危險，脫掉又何妨呢？我喜歡光腳踩在地面上，那種貼近的感覺，很親切。」他還是照樣癡迷於工作，每天花好幾個小時和小夥伴們玩多人競技遊戲。

《財富》（Forbes）雜誌記者曾問過拉奇這麼一個問題：「你覺得你會成為大衛・沙諾夫（David Sarnoff，美國廣播通訊業之父），還是菲洛・凡斯沃斯（Philo Farnsworth，被人遺忘的電視發明者）呢？」

拉奇對這兩種結局並不在乎，他只想在虛擬實境產業工作，推進這個事業的發展。「我希望自己的餘生能一直從事虛擬實境的工作。我可以去做任何事，只要能讓產業

發展壯大。這是個多麼酷炫的世界，世界上有什麼娛樂能跟虛擬實境相比呢？現在要是能有 100 多家公司做這個事情，賣出 10 億台虛擬實境頭戴裝置，那我就要歡天喜地慶祝去了。至於我會是大衛，還是菲洛，管他呢！」

　　有些人為了錢去工作，也有人為了興趣去工作，而某些為了興趣工作的人卻是不小心賺了錢，還順便改變了世界。

▶ 跟隨與超越：百家爭鳴的中國市場

　　虛擬實境已成為全球科技圈最炙手可熱的話題，也吸引了越來越多的創業者。在中國，2015 年是中國實施「創新驅動戰略」的開局之年，在各級政府的推動扶持下，互聯網＋、雲計算、大數據、虛擬實境、人工智慧等紛紛登上創新創業的舞台。虛擬實境產業作為現今世界最熱門的新技術、新概念，當之無愧地成為年度創新主角，受到了各路資本的青睞。

　　2016 年，更多中小創業者紛紛湧入，不少大公司離職的高層也加入創業隊伍，虛擬實境產業的新創公司從 2014 年的數十家，增加到 2016 年初的數百家。除了直接參與開發的新創公司，還有眾多上市公司和生產商投身虛擬實境浪潮。

近幾年，虛擬實境也受到了眾多中國主流媒體的關注，中央電視台多個節目即報導過虛擬實境產業。中央電視台把虛擬實境稱為一項「欺騙」大腦的終極娛樂技術，並認為虛擬實境正在遍地開花。

暴風魔鏡首席執行長黃曉傑在中央電視台的採訪中說：「虛擬實境在20世紀60、70年代就已經在中國開始應用，當時主要用於航空航太的模擬飛行，到80、90年代有了進一步的發展，但當時VR設備非常昂貴，動輒上百萬元人民幣，很難進行大規模的普及。直到Facebook以20億美元收購Oculus，2015年各大互聯網公司開始布局VR產業，虛擬實境才得以走進普通人的生活。」

透過央視的報導，加上國家對虛擬實境產業的關注，大幅提升了虛擬實境在民眾中的認知度。目前，中國虛擬實境產業還處於啟動期，虛擬實境設備、平台、內容等各領域都有眾多參與者。2015年中國虛擬實境產業市場規模約為15.4億元人民幣，預計2016年底將達到56.6億元人民幣，2020年市場規模預計將超過550億元人民幣。

在中國，獲得融資的虛擬實境公司包括虛擬實境設備、虛擬實境影片、虛擬實境遊戲、虛擬實境社交、虛擬實境解決方案、全景相機、虛擬實境技術、虛擬實境生態平台、虛擬實境主題公園、虛擬實境線下體驗館等，大致上涵蓋

了虛擬實境產業的各個次領域。這些中國企業除了受到來自中國資本的關注外，還吸引了眾多海外資本的青睞，例如 IDG 資本、英特爾投資等也肯定了中國虛擬實境的研發能力和發展水準，積極參與中國虛擬實境產業的投資。

在中國的股票市場，虛擬實境概念股早就聞風而動，上海、深圳虛擬實境相關上市企業有數十家，虛擬實境概念炙手可熱，推動著相關企業股價上漲。2015 年股市出現的「虛擬實境妖股」暴風科技，創下連續 29 個漲停後接著 5 個漲停板的紀錄。暴風科技全年 124 個交易日，55 天強勢漲停，最高股價達到了 327.01 元人民幣，直至 2015 年 10 月 26 日停牌，暴風影音累計漲幅高達 1950.88％，位居上海交易所與深圳交易所兩市第一。暴風科技從影片及廣告服務跨界到虛擬實境，獲得了虛擬實境的第一波紅利。相信未來幾年，各方資本和股民仍會對虛擬實境保持高度熱情。

目前，中國的頭戴顯示裝置基本上分為桌面虛擬實境，和行動虛擬實境兩類。桌面虛擬實境輸出設備主要是指 Oculus Rift 類的頭戴式顯示器，代表產品：UCglasses、經緯度的 Three Glasses、大相科技的遊戲狂人、眼界科技的 EMAX、蟻視科技的蟻視頭戴裝置、完美幻鏡等。行動虛擬實境頭戴顯示裝置有類 Cardboard 頭戴顯示裝置和一體機設備，代表產品：暴風魔鏡、Virglass 幻影、靈境小白、大

朋 VR、PlayGlass、SVR Glass、Dream VR、Glasoo、愛可視、
Nibiru 夢境、第二現實 VR 一體機、Bossnel 頭戴式影院一
體機等。

　　中國是世界上最大的網路市場，有最多的用戶、最全
面的需求。在設備製造上，以華人為主的創業團隊在國際
舞台上都保持了相當高的水準。中國製造業的硬體供應鏈
也有靈活、成本低等優勢，在虛擬實境產業格局未定之際，
中國企業具有很多先發優勢。內容方面，中國有很多深耕
創作的團隊，騰訊、完美世界、盛大網路遊戲公司也開始
在虛擬實境領域做出嘗試。隨著網路技術和全球化資訊的
飛速發展，中國虛擬實境產業必將呈現出產業化和規模化
的趨勢，進而增強中國在虛擬實境鏈的重要地位。

◉ 展覽、主題公園及體驗館：虛擬實境的普及之路

　　虛擬實境已經為越來越多消費者所熟知，想體驗虛擬
實境的玩家有很多，現階段消費者主要有以下幾種方式體
驗虛擬實境：展覽體驗、主題公園體驗、體驗館體驗、個
人購買後體驗。

　　一、展覽體驗：每年，世界各地都會舉辦各種科技展、
遊戲展、玩家交流等展覽活動，消費者可以在展覽上體驗

各種新設備、新技術。缺點是只能服務部分群眾、體驗時間短、體驗功能有限，且展覽上的觀眾大部分是設備狂熱者或科技愛好者，並沒有大幅拓展普通用戶群，但展覽對虛擬實境的普及，依然做出了不可磨滅的貢獻，許多人的第一次虛擬實境體驗就是發生在展覽上。

二、主題公園體驗：國外已經出現了一些虛擬實境主題公園可供玩家體驗，虛擬實境主題公園利用混合實境技術，將虛擬世界與現實世界結合，盡可能增強玩家的臨場感，體驗效果非常棒。缺點是公園數量少、設施不完善、涵蓋人群少。比較著名的虛擬實境主題公園如美國 The Void 主題公園、澳洲 Zero Latency 主題公園、中國身臨其境 VR 主題公園、北京穿山甲 VR 主題公園等正在籌建或營運中。英國主題樂園 Alton Towers、美國遊樂場連鎖集團 Six Flags 都與三星合作，在各自的主題樂園中推出了虛擬實境雲霄飛車。

圖 3-4　美國 The Void 主題公園

三、**體驗館體驗**：你也許會發現，在中國的商場、遊樂場等人群集中處，會有一些蛋椅擺放在人潮之中，這就是一種蛋椅式體驗館。除了蛋椅，還有一些 Oculus 眼鏡體驗館、網咖式體驗館、跑步機式體驗館、駕駛座椅式體驗館、太空艙式體驗館。這些體驗館是向大眾開放的，一般需要收費，體驗一次的費用在 15 元到 50 元人民幣之間。缺點是價格昂貴、體驗時間短、內容少、玩法單一。

四、**個人購買後體驗**：如果想體驗虛擬實境，許多好奇的科技和遊戲愛好者都會購買一款屬於自己的虛擬實境設備。當前消費者可購買的設備有 Oculus Rift、HTC Vive、PlayStation VR、三星 Gear VR 及各類 Cardboard 等。桌面類虛擬實境設備體驗效果較好，但現階段價格稍貴，產能有限，還需配備高性能電腦或主機使用；價格適中的類 Gear VR 設備體驗效果中等，但需要配備特定的手機使用；Cardboard 類產品價格便宜，但比較仰賴手機的性能和解析度，體驗的效果也與桌面類虛擬實境有差距。

根據 Oculus 團隊公布的資訊，要想達到最佳虛擬實境體驗，所需的個人電腦最低配置為：英特爾酷睿 i5-4590 處理器；Nvidia GTX 970/AMD 290 顯卡；8GB 運行記憶體；HDMI 1.3 影片輸出；USB 3.0 介面 ×2；Windows 7 SP1 操作系統或更高。Oculus 的創辦人拉奇曾表示：「太多人認

為沒有理由長期持有一台高階電腦，但糟糕的個人電腦是高階虛擬實境普及的最大障礙。」根據調查資料顯示，全球符合虛擬實境標準的個人電腦僅有 1300 萬台，能滿足規格的個人電腦不足 1%。

虛擬實境將推動高階電腦硬體的普及，在不久的將來，虛擬實境技術的發展也會讓更多電腦滿足運行需求。Oculus 已經與主要硬體製造商合作優化虛擬實境設備，比如輝達、AMD 等，隨著時間的推移，虛擬實境及相關硬體的價格會下降，技術成本也會變低。

體驗了虛擬實境的奇妙之後，不少消費者會萌生購買一台虛擬實境設備的想法。然而，即便虛擬實境已變得相當火紅搶手，但消費者並不一定已準備好接受它們。在購買設備時，消費者主要存在以下幾點顧慮：近視眼能不能佩戴？是否會造成眩暈或不適？虛擬實境的內容夠多夠好嗎？我家的電腦能不能運行虛擬實境遊戲？虛擬實境影響視力健康嗎？當虛擬實境可以打消消費者所有的顧慮時，虛擬實境的普及就不遠了。

▶ 桌面虛擬實境 vs. 行動虛擬實境

桌面虛擬實境設備是指 Oculus Rift 類的 HMD 頭戴裝

置，這類設備的運算渲染功能由電腦或主機負責，頭戴裝置主要承擔顯示及部分互動感測功能。代表產品：Oculus Rift、HTC Vive、PlayStation VR、蟻視頭戴裝置、完美幻鏡、VRgate 等。行動虛擬實境設備是指依靠手機等進行運算渲染，由手機螢幕或虛擬實境裝置螢幕承擔顯示及部分互動感測功能。代表產品：Gear VR、Cardboard、暴風魔鏡、靈境小白等。

這兩者之間有很多異同，下面對其進行對比：

一、功能對比：借助電腦或主機的強大功能，桌面虛擬實境設備的運算渲染能力強於行動虛擬實境設備，互動模式多樣，可玩性強，可拓展功能豐富，是玩大型虛擬實境遊戲的首選。而行動虛擬實境設備主要用來看影片和玩小遊戲，運算渲染能力、儲存能力都不足，且互動模式單一。

二、顯示對比：桌面虛擬實境設備螢幕解析度普遍能達到 2K，倚靠強大的運算渲染能力，畫面穩定性較高，沉浸感較強。行動虛擬實境設備仰賴手機螢幕，顯示效果遠遠落後於桌面設備，沉浸感不足。

三、使用對比：桌面虛擬實境設備需要搭配高性能電腦或主機使用，頭戴設備與電腦又要透過連接線通訊，總的來說就是條件苛刻、使用麻煩。行動虛擬實境設備使用起來較方便，但電量限制了使用時間，顯示器和互動的限

制也減弱了使用體驗。

四、價格對比：桌面虛擬實境設備價格普遍在 3000 元人民幣左右，配套的電腦或主機 1 萬元人民幣左右，價格昂貴，大多數人負擔不起。行動虛擬實境設備價格便宜，占有優勢。

未來桌面虛擬實境設備和行動虛擬實境設備，各會是怎樣的分工和發展呢？可以預見，桌面和行動虛擬實境設備將長期共存，行動虛擬實境設備負責向低階用戶普及虛擬實境，而桌面設備則負責帶來更超凡的體驗。

桌面虛擬實境設備有兩個發展方向：一是比現在更複雜、更強大，主要用於主題公園、虛擬實境網咖或高階用戶；二是無線化、小型化、行動化，主機可以縮小到背包大小，連接線可以用無線傳輸替代，直到桌面虛擬實境設備變成行動虛擬實境設備。

行動虛擬實境設備也有兩個發展方向：一是帶有主機的設備性能將持續提升，直至與桌面設備相當，甚至整合了擴增實境功能，成為消費版虛擬實境的主流形態；二是低階功能將更加齊全，滿足虛擬實境需求的手機和行動設備將更多，直到行動主機設備的價格夠低，低階 Cardboard 類設備逐漸消失。

從市場來看，現階段桌面設備仍代表著虛擬實境發展的最高水準，是重度玩家的首選設備；Cardboard 類因價格便宜，是新手選購的主流。虛擬實境設備是以個人封閉式體驗為核心的產品，使用者不親自嘗試，很難知道真正效果。Cardboard 類設備成本較低，實力相對較弱的廠商都用來作為虛擬實境概念的炒作，過多的相似品牌和糟糕體驗，容易為消費者帶來誤導和困惑。

另外，隨著擴增實境的發展，擴增實境眼鏡也會迸發不小的力量。但擴增實境眼鏡不會替代用於遊戲和影視的虛擬實境設備，畢竟後者沉浸感遠超過前者。未來，擴增實境眼鏡比虛擬實境設備更適合替代手機，成為手的延伸，成為用戶隨身攜帶的智慧設備。但「擴增實境眼鏡」只是一個概略的名詞，也許這個替代手機的設備並不是以眼鏡的型態呈現，也許它是綁定在手臂上的設備，也許它是植入人體的設備，不過它肯定具備擴增實境功能。

4

虛擬實境如何
翻轉現實？

▶ 開始體驗前的設備選購要點

▶ 體驗時需要強烈的沉浸感＋代入感

▶ 足不出戶，卻能遊遍全世界

▶ 登上駕駛艙，航向浩瀚宇宙的星際旅行

▶ 讓想像成為可能的捷徑：虛擬實境群眾募資

虛擬實境不同於智慧手機或其他智慧穿戴設備的是，它可以建構一個完美的虛擬世界。在虛擬世界中，資源和空間趨近於無限，我們可以在裡面生活、娛樂、工作、創作，獲得現實生活得不到的體驗。在虛擬實境中，電視、遊戲、娛樂的方式都將被顛覆。也許有一天，所有與網路、電腦有關的工作都可以在虛擬世界中完成，人類在家戴上虛擬實境設備就可上班。在虛擬世界中，再也沒有距離的限制，資源的價值也被無限放大，甚至會產生很多現實世界不存在的工具和模式，徹底解放生產力。

Tilt Brush 是一款虛擬實境繪畫工具，它可以讓用戶在虛擬實境中使用 3D 空間作畫，還可以使用油漆、雪、星星和煙霧等各種繪畫材料。這款繪畫應用的作畫過程就像創作雕塑一樣，畫出的圖畫也是立體的，可以切換不同的視角來查看畫作。Oculus 工作室也公布了一款虛擬實境繪畫應用程式 Quill，它可以利用 Oculus Touch 手柄在虛擬實境裡自由繪畫，這種技術可以讓用戶拋開傳統的紙筆，直接在虛擬環境裡創作。在虛擬實境世界中，藝術家可以沉浸在一個完全封閉獨立的創作環境中，不受干擾，也更有利於揮灑創意。

不只是繪畫，用戶還可以透過虛擬實境看電影、看全景影片、漫遊全景圖片、玩虛擬實境遊戲等。未來，虛擬

實境還可以應用在非常多領域，比如設計、教育、行銷、娛樂等，這些將在第 7 章詳細描述。

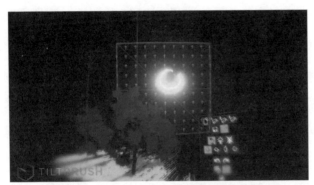

圖 4-1　用 Tilt Brush 在虛擬實境中繪畫

▶ 一開始體驗前的設備選購要點

虛擬實境的趣味性和功能性吸引著越來越多的消費者，在購買之前，我們要弄清楚自己的需求，根據需求選擇不同的設備。如果你只是想嘗鮮，體驗一下虛擬實境，便宜的 Cardboard 即可實現；如果你追求性價比，參與中國的 2K 頭戴裝置群眾募資即可；如果你是遊戲玩家，Oculus Rift、HTC Vive、PlayStation VR 都是不錯的選擇。以下從設備的類型、沉浸度、價格等方面，對市面上常見的虛擬實境設備進行簡單比較，供消費者選擇時參考。

在購買設備之前，先確保自己可以正常使用設備。首

先要視力良好，近視、散光、瞳距不正常都會影響使用效果。針對這些問題，不同設備有不同的解決辦法，有的設備可戴眼鏡使用，部分設備配備物距調節、瞳距調節、近視鏡片等，方便不同人佩戴使用。有些人戴上頭戴裝置會眩暈、噁心、嘔吐，情況嚴重者要謹慎購買。桌面式虛擬實境設備要配備高性能的電腦或主機，才能達到最佳效果，HTC Vive 還需要一定的空間安裝定位追蹤鏡頭，如果沒有這樣的條件，建議慎重考量。

　　HTC Vive 在注意事項中特別強調：兒童不宜使用虛擬實境設備。並且，在使用虛擬實境頭戴裝置時，可能會看到密集、緊張、與真實生活非常相似的內容，可能會讓大腦和身體產生真實的反應。暴力、驚恐、感性或激發腎上腺素的內容會引發心律加快、血壓升高、精神恐懼、神情慌張、創傷後壓力症候群、眩暈或其他不良副作用。如果曾有不良精神病史或對某些真實生活場景有不良心理反應，請避免佩戴虛擬實境頭戴裝置查看此類內容。

　　Oculus Rift、HTC Vive、PlayStation VR 這三款是現階段虛擬實境水準最高的頭戴式顯示器。Oculus Rift、HTC Vive 需要搭配高性能的電腦使用，PlayStation VR 需搭配 PS4 主機使用（將來可能支援個人電腦）。從外觀來看，三者各有特色：

一、Oculus Rift 穩重大氣，HTC Vive 凸凹有致，PlayStation VR 時尚簡約。

二、在佩戴感覺上，臉小的人佩戴 Oculus Rift 略有漏光，舒適度不如其他兩款；HTC Vive 和 PlayStation VR 舒適度相當，戴眼鏡的用戶佩戴也比較舒適。

三、在顯示效果上，HTC Vive、PlayStation VR 比 Oculus Rift 略好，三款設備都有一定的顆粒感，但並不影響使用。PlayStation VR 更新率最高，Oculus Rift、HTC Vive 視角較大。綜合來說，對擁有 PS4 的用戶來說，想體驗虛擬實境，PlayStation VR 是最好的選擇；擁有高性能電腦的使用者，Oculus Rift 價格適中，是不錯的選擇；如果想體驗更全面的虛擬實境功能，感受定位感測器的神奇效果，那就買一套 HTC Vive 吧！

中國也有一些桌面虛擬實境設備，可以與 Oculus Rift 的資源相容。相較於桌面版本，一體機的性能偏弱，主要用來觀看電影的用戶可以酌情選擇。這三款設備的部分參數如表 4-1 所示。

表 4-1　三款桌面虛擬實境設備比較

品名	Oculus Rift	HTC Vive	PlayStation VR
出品公司	Oculus	宏達電	索尼
售價	599 美元	799 美元	399 美元
首批預購時間	2016 年 1 月 6 日	2016 年 4 月 5 日	2016 年 3 月 22 日
解析度	2160×1200	2160×1200	1920×1080
更新率	90Hz	90Hz	120Hz
視野範圍	110 度	110 度	100 度
連接方式	HDMI/USB 2.0/USB3.0	HDMI	HDMI
重量	470g	555g	610g
使用體驗	3.9 分	4.5 分	4 分

　　Cardboard 類是現階段銷量比較多的虛擬實境產品，比如三星 Gear VR、暴風魔鏡、華為 VR、大朋看看、靈境小白等。

　　三星 Gear VR 適用於三星 Galaxy NOTE5、S6、S7 等系列手機，不適用於其他 Android 或蘋果手機，虛擬實境效果和使用體驗比類 Cardboard 設備要好很多。Gear VR 使用觸控板控制，需要連結國外網站才能下載資源。

　　中國的暴風魔鏡、靈境小白等數十款類 Cardboard 設備價格普遍在幾十到兩百元人民幣之間，適合初級入門用戶體驗。這類設備的顯示效果比較仰賴手機螢幕，功能也比較單一，並不能體驗到虛擬實境的最佳效果。三款設備的比較請見表 4-2。

表 4-2　三款行動虛擬實境設備比較

品名	暴風魔鏡 4	靈境小白 1S	大朋看看
出品公司	暴風魔鏡科技	維阿時代科技	上海樂相科技
售價	199 元人民幣	199 元人民幣	99～149 元人民幣
瞳距調節	雙眼同步調節	雙眼同步調節	雙眼獨立調節
焦距調節	無	雙眼同步調節	雙眼同步調節
視野範圍	A 鏡片 96 度	90 度	96 度
支援裸眼觀看	正常視力（可佩戴眼鏡）	800 度以下	600 度以下
眼罩材質	醫療級矽膠	絨布、海綿	TPU 泡棉
鏡片材質	抗藍光非球面光學鏡片	非球面光學樹脂鏡片	光學樹脂鏡片
頭戴方式	O 型環	T 字帶	T 字帶
支援手機尺寸	4.7～5.5 吋	4.7～5.7 吋	4.7～5.7 吋
手機固定方式	磁扣式	卡扣式	彈簧夾
官方 APP	暴風魔鏡	靈境世界 靈境影院	3D 播播
重量	317g	375g	249g

　　此外，全景影片和全景圖片也是虛擬實境的重要內容來源，依靠圖片拼接合成技術，普通相機和手機同樣可以拍攝全景圖片。全景拍攝算不上新鮮的事物，但這裡我們要談論的是擁有多個鏡頭、擁有圖像合成演算法，能一次拍攝出 360 度全景照片和影片的相機。Google、Facebook、三星、諾基亞、理光（RICOH）、LG 等企業都相繼進入了這個領域。

　　國外比較著名的全景相機品牌有：GoPro Omni、Next-VR、Facebook Surrond 360、LG 360cam、三星 Gear 360、

得圖 TWIN 360、理光 THETA S、諾基亞 OZO、得圖 F4 等，部分品牌擁有多種不同型號相機，下面僅選其一進行介紹，排名不分先後，如表 4-3 所示。

表 4-3　各款全景相機比較

相機型號	鏡頭數量	影片畫質（約）	售價	備註
NextVR	6×Red Epic Dragon	6K	18 萬美元	全景
GoPro Omni	6×GoPro Hero4 Black	4K	未知	全景
三星 Gear 360	2	3840×1920	399 美元	全景
LG 360cam	2	2K	200 美元	全景
理光 THETA S	2	1080P	349 美元	全景
得圖 TWIN 360	2	2K	未知	全景
得圖 F4	4	8K	9699 人民幣	全景
暴風魔眼	3	720P	999 人民幣	全景
OCam	17	8K	未知	全景
Facebook Surrond 360	17	2048×2048	3 萬美元	全景
Ladybug5	6	2048×2448	未知	全景
諾基亞 OZO	8	4K	6 萬美元	全景
Giroptic 360cam	3	2K	499 美元	全景
尼康 key mission 360	2	3840×2160	未知	魚眼
得圖 Sphere800	1	1080P	999 人民幣	魚眼
松下 360fly	1	4K	未知	
研發光場相機的廠商	美國 Lytro、日本松下、美國 Adobe、德國 RAYTRIX 3D 等			

　　NextVR 和 Google Jump 的虛擬實境解決方案，無疑是最適用於虛擬實境內容生產的，但是價格仍有調降空間，其他品牌全景相機，影片拼接後的成像效果並不能滿足虛擬實境的顯示需求，因此全景相機離真正的虛擬實境還有很長一段距離。

圖 4-2　NextVR 官網展示的直播設備

圖 4-3　Google Jump 更像是一種虛擬實境解決方案

　　從性價比來考量，理光 THETA S 和 TWIN 360 是兩款
比較適合個人使用的全景相機，可用於圖片拍攝、影片錄
製和直播等；Google 出品的應用程式 Cardboard Camera，則
可以利用手機鏡頭拍攝全景 3D 圖片。

圖 4-4　理光 THETA S 和 THETA m15

圖 4-5　得圖 TWIN 360

　　一年一度的全美廣播電視展（NAB Show）已經於 2016 年 4 月底落幕，作為全球知名的廣播及攝影器材展覽，柯達、GoPro、360Heros、諾基亞等 28 家公司皆展示了自己的全景以及虛擬實境拍攝器材，Lytro 也曝光了 3 公尺長的專業級光場相機。在全景相機的解決方案中，雙魚眼是一個非常主流的解決方案，理光 THETA S、Insta 360、得圖 TWIN 360 都是使用這種方案。

　　由於魚眼是一個球面的鏡頭，可以輕輕鬆鬆拍攝 180 度的視角，所以使用兩個魚眼相機，可以拍攝出 360 度的全景效果。從演算法來說，這種方案處理也較簡單，只需拼接兩個半球圖像即可。以得圖 TWIN 360 為例，相機黃黑相間，兩顆魚眼相機分布左右兩側，相機體積小巧，攜帶方便。這款全景相機定位於消費級，使用索尼圖像感測器，可拍攝 800 萬畫素高品質圖像。該相機支援 1080P 全景影片、可以邊預覽邊錄製，內建 WiFi 支援影片即時預覽，配套 APP 可以快速管理相機和圖像。透過自主研發的一次成像雙魚眼球形全景鏡頭，可以實現 360 度全視角無死角拍攝，相較於多相機組合而成的全景相機，它的特點就是輕便易操作。

　　全景相機未來的發展方向主要有兩個，一個是定位於得圖 TWIN 360、Insta 360 這類個人消費級別的輕便全景相機，

另一個是定位於 Lytro、NextVR 這類專業內容生產的相機。

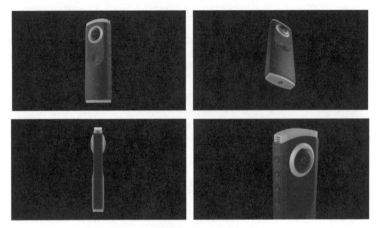

圖 4-6　得圖 TWIN 360 展示

▶ 體驗時需要強烈的沉浸感＋代入感

　　虛擬實境的高沉浸感，將讓遊戲的代入感更強，讓我們能真正走進遊戲中，成為遊戲的主角，去冒險、去體驗。沒有深度玩過第一人稱視角遊戲的人，可能無法體會這種感覺。有人說，電影能讓你體驗不一樣的人生，但遊戲有著電影不可比擬的互動效果，玩家們在進行遊戲的過程之中，可以體會到主角的心理變化，直接干預劇情的發展走向，帶來極大的代入感和滿足感，就像我們經歷了第二個人生。遊戲讓很多人沉迷而不可自拔，很大的原因就在於它強烈的身歷其境感。

圖 4-7　《絕對武力》是第一人稱視角遊戲

圖 4-8　《魔獸世界》是第三人稱視角遊戲

圖 4-9　《英雄聯盟》是上帝視角遊戲

　　現在主流的遊戲視角主要有三種：第一人稱視角、第三人稱視角、上帝視角。在第一人稱裡，螢幕上顯示的只有遊戲主角的視角，比如《絕對武力》（*Counter-Strike*）；在第三人稱裡，遊戲主角在螢幕上可見全身，玩家操縱感較強，比如《魔獸世界》；上帝視角主要是用於戰術競技、策略遊戲，玩家觀察的是遊戲全景，比如《英雄聯盟》。這三種視角中，第一人稱比第三人稱的代入感稍強，而上帝視角的代入感最弱。

　　在虛擬實境世界裡，第一人稱和第三人稱遊戲，會讓玩家有更強的代入感。首先，這類遊戲都有一個完整的世界觀，遊戲會分配玩家一個虛擬身分、使命及目標，告訴玩家是誰、要做什麼，給予一個融入遊戲的理由和動力。然後，虛擬實境會展示接近真實的場景，良好的遊戲氛圍讓玩家在遊戲中體驗到與真實世界相同的空間和時間變化。最後，我們透過互動和回饋，與這個虛擬世界不斷強化連結，直到對主角的故事感同身受，完全融入這個世界中。Oculus 的創辦人拉奇就是希望有這樣的遊戲體驗才苦心鑽研，最終創立了 Oculus。

　　虛擬實境不僅可以為玩家帶來一流的遊戲體驗和操作體驗，還可以為玩家帶來更多美好的事物。我們知道遊戲是虛擬的，但它帶來的愉快體驗是真實的，在遊戲中我們

可以看到現實中沒看過的風景、遇到不一樣的人物、還可以做沒做過的事。真實世界中的嘈雜讓人疲憊不堪，虛擬實境中的世界卻能讓我們領略不一樣的人生。我們在現實中可能不願遠行，但可以在虛擬世界中站在山峰之巔，看山間縹緲的雲海和變幻的霞光。我們可能是沒錢沒閒的市井小民，但我們可以獨自漫步在充滿未知的羊腸小徑上，提著劍去闖關歷險。不管是虛擬還是真實，只要能讓人感同身受，也許不需要區分得那麼絕對。

如果有一天，出現一款讓所有人都能進入的虛擬實境遊戲，有著與現實世界相似的規則，你還認為它只是遊戲嗎？一家叫做 BeAnotherLab 的實驗室做了一個實驗，讓兩個不同性別的用戶分別戴著虛擬實境頭戴裝置，同步各自運動，並用鏡頭把視角傳給對方，這讓實驗者體驗到了性別交換。

虛擬實境遊戲能做到的遠不只這些，或許我們能透過虛擬實境頭戴裝置，體驗到更多生活方式。你可以是一名戰士、一名醫生、一名飛行員、一名服務生，或者一隻飛鳥、一條魚……其實，是不是遊戲的主角並不重要，我們只想透過虛擬實境，體驗到完全不同的人生。

有一位十三歲的女孩名叫千千，從小就有非常嚴重的心臟病。她無法進行劇烈運動，每天躺在床上都很難受。

她喜歡二次元，最喜歡二次元偶像組合中的星空凜。她說：
「我喜歡凜就是因為她有健康的身體，而且體能也很好！」
因為她已到心臟病晚期，她的叔叔想為她做一款虛擬實境
遊戲，讓千千能透過虛擬實境技術，一圓站在舞台上與偶
像歌手一起唱歌的夢想。

　　十幾個志願者經過三天的艱辛工作，做出了一款 6 分
鐘的簡單 Demo。2016 年 3 月 19 日，一行人帶著這個小禮
物來到千千家。千千戴上虛擬實境眼鏡，看到舞台下方一
支支閃閃發亮的螢光棒，而她就站在舞台上，和她最喜歡
的凜站在一起。她往舞台四周張望，甚至想要伸手和偶像
握手。接著，她隨著音樂，和偶像合唱了一首歌。唱完了歌，
千千很開心，她覺得自己穿越到了二次元的舞台上，看到
了自己最喜愛的偶像。後來，她意猶未盡地問叔叔：「這
個是什麼？我和偶像同台了，等會兒我要上網去炫耀！」

　　志願者們決定繼續將這個小遊戲開發完善，讓畫面更
美，舞台更華麗，甚至可以多出幾首歌，也可以給千千一
個更大的驚喜。但不幸的是，3 月 22 日晚上，千千去世了。

　　遊戲並不只是新奇好玩、風景好看，某種程度上遊戲
也富有人文情懷，能帶給人慰藉。透過虛擬實境，我們能
當一次遊戲主角，在虛擬中體驗不同人生，實現未竟的夢
想。有人因為生活所迫，一輩子去不了馬爾地夫；有人因

為行動不便，無法登上百岳；有人因為時間不巧，不能到偶像的演唱會現場；有人就是想飛到太空，看看月球的模樣。虛擬實境體驗，也許就能完成他們的夢想。

▶ 足不出戶，卻能遊遍全世界

「世界這麼大，我想去看看。」這是中國河南省實驗中學一位老師在辭職信上填寫的辭職理由，2015 年，這封辭職信在網路上爆紅。這不僅是一個人的心聲，也是很多人共同的心聲。隨著生活水準的提高，旅遊人數持續增長，根據中國國家旅遊局的統計，2015 年共有 41.2 億人次進行國內或國外旅遊，其中出國旅遊有 1.2 億人次，相當於全中國每人一年旅遊近 3 次。全年旅遊收入超過 4 兆元人民幣，中國旅遊產業對 GDP 的整體貢獻達到了 10.1％，超過了教育、銀行和汽車產業。

圖 4-10　一封網路爆紅的辭職信

　　還有許多人因為缺少金錢或是時間不夠，放棄外出旅行的機會，即便是有錢有時間，出去玩也需要很大的勇氣，因為水土不服、路線不熟、語言不通等，都會影響旅遊的心情。

　　在 2015 年中國 1.2 億人次出國遊客中，有三分之二的遊客選擇了自由行，自由行逐漸成為遊客最喜愛的旅行方式。這些選擇自由行的旅客中，有 71.2％的遊客希望獲得一站式的解決方案和完整的旅遊產品購買、消費體驗，縮短旅遊決策時間。

　　現在，外出旅遊已經開始往資訊化、網路化發展。優質的旅遊評價、旅遊問答、旅遊攻略、遊記等提供規劃旅遊路線的參考，機票、飯店、門票、簽證等事宜都可以在網上完成。這些資訊服務不僅讓遊客事先了解了目的地，而且極大地減少了遊客的不安全感和陌生感。而使用虛擬實境技術，可以讓遊客更直接地了解景點資訊。虛擬實境技術可以讓未來更近一點，不僅減少了出遊的風險和負擔，還能為遊客提供不限時間的細緻體驗。透過虛擬實境技術，足不出戶就可以遊遍全世界，達成一趟說走就走的旅行。

　　倫敦博物館、北京故宮都有虛擬實境服務，Google 推出的虛擬博物館服務則可以帶你到龐貝古城、埃及金字塔內部一睹奇觀。旅遊公司湯瑪斯庫克集團（Thomas Cook）

在歐洲10個分店提供虛擬實境旅遊體驗服務。選擇目的地，戴上虛擬實境頭戴裝置，你就可以穿越到地球的另一端享受美景。

　　英國製作視覺特效的公司 Framestore 和萬豪國際酒店（Marriott Hotels）聯合推出了一款虛擬實境旅遊設備——Teleporter，這台設備外觀比較像一個電話亭，還加入了感知回饋系統，比如牆上安裝的噴霧裝置、嵌入地板上的空氣泵以及頂部的加熱鼓風機等。透過這台設備，人可以「穿越」到預設的景點，體驗到非常真實的臨場感。現階段的虛擬實境旅行使用的技術比較簡單，像是跟隨鏡頭遊覽景點等等，並不能自由活動。

圖 4-11　Framestore 網站展示的 Teleporter

在暴風魔鏡、3D 播播、柳丁 VR、得圖網等虛擬實境內容平台上，擁有很多全景漫遊圖片或影片，比如圖 4-12 的《北京故宮博物館》全景漫遊圖片，不僅有 360 度景點展示，還有導遊語音介紹，使用者可以控制前進或後退，按特定路線遊覽景點。利用虛擬實境技術，還可以將景點拍攝成全景影片，提供更真實的模擬觀景感受。比如 VR 熱播平台曾上線了一部自製的「私人伴遊」主題節目《行走費洛蒙》，觀眾跟隨主播的腳步，以第三人稱視角去探尋美景，發現人文之美。

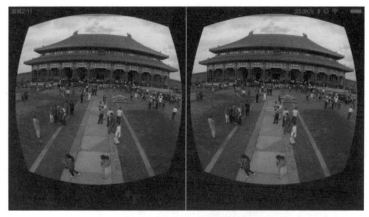

圖 4-12　北京故宮博物館全景漫遊

虛擬實境旅遊會發展出怎樣的模式呢？大概會有三種形式：第一種是景點自營，以特定景點為單位，獨立營運虛擬景點；第二種是景點聯營，眾多景點聯合營運一個虛

擬平台；第三種是專門的內容平台，整合個人、景點、政府等提供所有的素材，成為專業的虛擬旅遊社群。

現階段，利用虛擬實境技術來展示旅遊景點有以下六大優勢：

一、讓遊客身臨其境地感受目的地美景，提前規劃行程，具有宣傳和擴大影響的作用，讓遊客心有所嚮，促進旅遊業發展。

二、展示景點最美的時刻和風景，不受時間限制，避免因季節、天氣等原因，無法體會景點的風光。

三、復原已經消失的名勝古蹟或創造獨特的虛擬景觀，具有考古和教育意義。

四、接待遊客的方式改變，虛擬實境技術將美景利用網路發送給遊客，不限制遊客人數，不限制旅行時間，避免遊客過多的擁擠亂象，緩解遺產、古蹟類景點在經濟效益與遺產保護上的矛盾。

五、拓展景點資訊，可以用多種方式進行特色展示，讓遊客獲得比去現場還多的視角和知識，具有教育意義。

六、提升旅遊體驗，讓每個人都能得到同等的服務，摒棄現實旅遊中出現的「虛假宣傳、過度行銷、店大欺客」等種種問題。

　　在以上六大優勢中，復原名勝古蹟的意義最重大。許多名勝古蹟因為各種原因消失或僅剩部分遺址，而且部分名勝古蹟還有著文物保護壓力，不能向遊客開放。虛擬實境技術可以透過數位方式重現這些名勝古蹟，不僅可以保護文物，而且可以跨越時間和空間重現歷史。例如北京故宮博物院曾聯合 IBM 打造「超越時空的紫禁城」，讓遠在萬里之外的遊客也能遊覽 3D 的虛擬紫禁城，見圖 4-13。

圖 4-13　超越時空的紫禁城

　　圓明園管理處曾多次提及透過電腦技術重建數位圓明園。2010 年，中視典數位科技推出了虛擬圓明園主題網站，以數位 3D 的形式對圓明園進行了建模復原，部分建築、景觀得到了完整還原，將百年前的原貌呈現在大眾眼前，見

圖 4-14。

　　目前，虛擬實境旅遊仍面臨一些問題，主要是虛擬實境及相關技術不成熟，成本高昂，效果不盡如人意等。雖然故宮、圓明園等景點已經實施了虛擬實境技術，但是仍不夠完善與完整。目前，大家對虛擬旅遊的理解僅是 360 度環景全視，只是照片、影片和文字介紹的簡單羅列，表現力較差，趣味性不強，臨場感也不足。

圖 4-14　虛擬圓明園主題網站

　　旅遊產業被譽為永不衰落的「朝陽產業」，虛擬實境旅遊更有非常大的發展潛力。未來，擷取、儲存、網路技術發展到一定程度，虛擬實境技術足夠成熟後，就可以將景點甚至整個地球完整地「搬到」虛擬世界中。虛擬實境將徹底打破時間和空間的限制，讓使用者隨時透過虛擬實境設備，穿越到世界上的任何地方。當然，虛擬實境旅遊

並不能代替真正的旅遊，很多美好的東西，只有親身經歷才有味道。

◉ 登上駕駛艙，航向浩瀚宇宙的星際旅行

近年來，星際旅行類的科幻電影非常熱門，比如《絕地救援》、《闇黑無界：星際爭霸戰》（*Star Trek Into Darkness*）、《星際效應》（*Interstellar*）、《地心引力》（*Gravity*）等，觀眾都想過跟隨著火箭升空，在零重力的太空艙漂浮，夢想著登陸月球、火星或是其他星球，體驗美妙的太空漫步，也想穿越在茫茫宇宙之中，進行一次星際探險旅行。

然而，星際旅行的時代還遲未到來，只有經過層層選拔的太空人才有機會在太空中漫遊，不是每個人都能體驗到征服星辰大海的快感。難道，我們就沒機會感受星際旅行的奇妙了嗎？不，不久後透過虛擬實境或許可以做到。在虛擬實境出現之前，我們只能透過螢幕去觀看這些到不了的地方，但再大的螢幕也只是螢幕，螢幕的邊界始終都在提醒我們，這只是影像而已。而虛擬實境的出現，打破了這種界限，我們可以沉浸在虛擬實境所呈現的世界中，身臨其境地走進「影像」，完全融入到虛擬世界中。

2015 年，一家名為「SpaceVR」的新創公司推出「太

空遨遊」服務，並在網上發起群眾募資，希望借助募資所得的資金，將一個 360 度全景鏡頭送到國際太空站進行拍攝，這些拍攝的畫面傳輸到地球，再傳送給佩戴虛擬實境設備的使用者，這樣使用者就可以穿越到太空中，觀察國際太空站的一舉一動，目睹太空的奇妙景象。在這個計畫完成之後，SpaceVR 還有更具雄心壯志的目標，就是試圖在未來幾年將鏡頭送到月球、小行星、火星等。這樣，我們就可以在地球，足不出戶體驗到太空探索的奧妙。

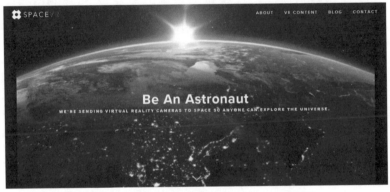

圖 4-15　SpaceVR「成為太空人」宣傳圖

　　雖然這些只是初階的虛擬實境體驗，想像一下，再經過幾年的技術發展，工程師完全可以透過 3D 製作軟體，打造出一比一的火箭、太空站，甚至是整個星球、星系，再利用先進的感測及互動系統，讓人們可以體驗到接近真實

的星際旅行，是不是很有趣呢？

在國外，已經出現不少類似的工程，一個由威廉‧帕默（William Palmer）主導、以《星際爭霸戰》為主題的虛擬空間建造工程即將完成。該工程以 8 個星艦為藍本，還原一比一大小的虛擬世界，連按鈕都很真實，不久之後，星艦迷就可以透過虛擬裝置，登上星艦的駕駛艙，去參觀、觸摸這些以往只能在電影中看到的星艦了。

2016 年 1 月，由微軟發起的 HoloLens 創意分享活動投票結果最終揭曉，「探索銀河系」的創意以 58％的得票率獲勝，這個程式的 作用就是讓用戶透過 HoloLens 觀察銀河系，銀河系的即時動態可以縮小到你面前，讓你能夠漫遊並觀賞。

Oculus 宣布，2016 年年初發售的 Oculus Rift 都會贈送一款遊戲《EVE: Valkyrie》，這款遊戲是由開發商 CCP Games 製作的作品，是一款太空戰鬥題材的虛擬實境遊戲，視覺和音效都十分逼真，能夠為玩家帶來身臨其境的太空戰鬥體驗。

隨著科技的進步和越來越多資本湧入，虛擬實境技術肯定會突飛猛進，並在 3 到 5 年內達到一個新高度，太空漫遊不是夢、星際旅行也不是夢。

未來的虛擬實境星際旅行會以什麼樣的形式出現呢？

個人認為，最好的星際旅行方式是遊戲。由 Cloud Imperium
Games 工作室開發的太空科幻遊戲《星際公民》（*Star
Citizen*），其製作資金靠群眾募資籌措，而且創紀錄地融資
到了 1.1 億多美元。從 2016 年 4 月中旬公布的資料可以看
出，共有 1,344,175 名玩家參與，募資金額共為 111,944,085
美元。《星際公民》未來將支援虛擬實境頭戴裝置，這款
遊戲雖然完成度不高，但已成為眾多遊戲者的情懷與信仰。
相信不久之後，一定會出現類似《星際公民》的宇宙探索
類虛擬實境遊戲，讓人們可以徜徉在宇宙中，去探索新星
系、發現新星球，開著飛船，進行真正的星際旅行，在震
撼人心的宇宙中開疆拓土。

圖 4-16　《星際公民》官網公布的群眾募資情況（2016.4.14）

▶ 讓想像成為可能的捷徑：虛擬實境群眾募資

群眾募資是指用團購和預購的形式，向網友募集專案

資金的模式，是設計、科技、娛樂、公益、音樂、影視、出版、遊戲、攝影等計畫，獲得創業資金和宣傳管道的重要途徑。

群眾募資模式由專案發起人、群眾募資平台、支持者構成，具有門檻低、多樣性、依靠大眾力量、注重創意的特徵。在虛擬實境產業，專案群眾募資也是廠商發表產品的重要管道。群眾募資模式打破了傳統的融資模式，再小的個體都可以透過這個模式獲得從事研發、創作、生產、活動的資金，使得融資來源不再局限於銀行、借款、創投等方式，讓大眾參與到專案的每個環節，促進創業專案的成功。

2012 年 8 月 1 日，Oculus 的原型產品登上群眾募資網站 Kickstarter，在獲得 243 萬美元的一年半後，Oculus 被 Facebook 以 20 億美元收購，如今 Oculus 已是虛擬實境產業的翹楚。

在中國，暴風魔鏡、大朋 VR 眼鏡、omimo 虛擬實境一體機、Pico 1 虛擬實境頭戴裝置、靈境小白 1s、樂帆魔鏡、PlayGlass、魔甲人 VR、唯鏡、樂相頭戴裝置等眾多虛擬實境計畫皆登上過群眾募資網站，不僅起了良好的宣傳效果，還獲得了眾多網友的支持。

國外有很多科技類群眾募資網站，比較著名的有美國最大的募資平台 Kickstarter、分成募資模式的 Upstart、股權群

眾募資平台 Angellist、硬體產品募資網站 Dragon Innovation
等。中國比較著名的有眾籌網、京東眾籌、淘寶眾籌、人
人投、眾投邦等。

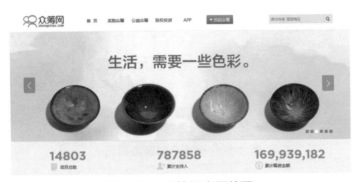

圖 4-17　眾籌網官網首頁

圖 4-18　淘寶眾籌頁面

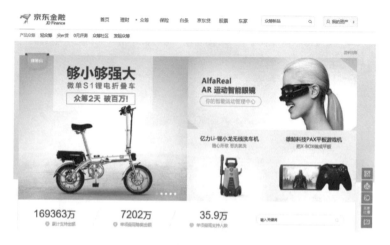

圖 4-19　京東金融眾籌頁面

　　群眾募資專案注重創意，一般發起人必須先將創意（設計圖、原型、成品、企劃等）達到可展示的程度，才能透過群眾募資平台的審核，且要有可執行性，而不單單是一個概念或者一個點子。群眾募資網站一般會設定一個目標金額，群眾募資計畫必須在預設時間內達到或超過目標金額才算成功，如果募資失敗，資金將全部退還給支持者。也有部分募資平台不限制時間和金額，比如 Indiegogo。除了公益群眾募資外，一般群眾募資專案的支持者都會在專案成功一定時間後獲得回報，回報方式可以是感謝、實物、股權、服務等，而募資平台一般會抽取 5% 左右的費用。

　　若將群眾募資按照回報形式分類，可以分成 5 種模式：

捐贈式、獎勵式、債權式、分成式、股權式，如圖4-20所示。

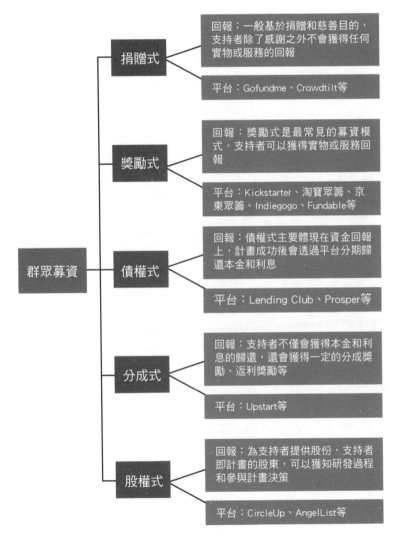

圖 4-20　群眾募資的 5 種模式

　　一般群眾募資平台並不只擁有單一的回報形式，不少
群眾募資平台是各種模式混合營運的。

　　時間回到 2012 年 8 月 1 日，Oculus Rift 登上群眾募資
網站 Kickstarter，開始向支持者募資，Oculus 按不同的捐款
額度，給予支持者不同的回報，如表 4-4 所示。

表 4-4　Oculus 群眾募資回報方式（來源：官網）

捐款金額	支持人數	回報時間	回報內容
10 美元	1009	2012 年 10 月	致謝和進度更新
15 美元	209	2012 年 11 月	限量版海報
25 美元	434	2012 年 11 月	限量版 T 恤
35 美元	179	2012 年 11 月	限量版 T 恤＋海報
75 美元	106	2012 年 11 月	簽名版 T 恤＋海報
275 美元	100	2012 年 11 月	1 套 Oculus Rift 未組裝原型機開發者套件＋毀滅戰士 3
300 美元	5640	2012 年 12 月	1 套 Oculus Rift 已組裝原型機開發者套件＋毀滅戰士 3
335 美元	859	2012 年 12 月	1 套 Oculus Rift 已組裝原型機開發者套件＋毀滅戰士 3 ＋ T 恤＋海報
500 美元	66	2012 年 12 月	簽名版 1 套 Oculus Rift 已組裝原型機開發者套件＋毀滅戰士 3+T 恤＋海報
575 美元	216	2012 年 12 月	2 套 Oculus Rift 已組裝原型機開發者套件＋毀滅戰士 3
850 美元	40	2012 年 12 月	3 套 Oculus Rift 已組裝原型機開發者套件＋毀滅戰士 3
1400 美元	20	2012 年 12 月	5 套 Oculus Rift 已組裝原型機開發者套件＋毀滅戰士 3

捐款金額	支持人數	回報時間	回報內容
3000 美元	7	2012 年 12 月	10 套 Oculus Rift 已組裝原型機開發者套件＋毀滅戰士 3 ＋技術支援
5000 美元	7	2012 年 12 月	1 套 Oculus Rift 已組裝原型機開發者套件＋毀滅戰士 3 ＋技術支援＋簽名版 T 恤＋海報＋參觀實驗室一天
合計人數	9522	合計金額	2,437,429

　　由於硬體生產壓力，2013 年 3 月 Oculus 公司才開始陸續向支持者寄出 Oculus Rift 開發者套件，並由於不相容取消了毀滅戰士 3 的發送；2014 年 3 月 26 日，Facebook 宣布以 20 億美元收購 Oculus。2015 年 10 月 Oculus 宣布將向群眾募資中那些幫助他們實現夢想的、捐助金額 275 美元以上的人免費贈送 Kickstarter 專屬版 Oculus Rift 頭戴裝置。

　　Oculus 的成功，離不開當時 9000 多名支持者的捐款，它設置了 14 種不同的群眾募資額度，回報給支持者不同的獎勵。群眾募資不僅可以獲得不菲的創業資金，過程中還具有極佳的市場調查功能，而且還是優秀的廣告宣傳平台，在融資中獲得消費者關注，有效分擔了投資風險。

　　參加群眾募資存在一定的風險，比如產品研發失敗、不能按時交貨、產品品質低於宣傳預期、產品性能縮水等。群眾募資平台的穩定性也影響群眾募資的後續服務，消費

者和創業者應盡量選擇有實力的平台進行群眾募資。儘管群眾募資產業募資金額不斷攀升，但因為競爭等原因，2015 年，中國至少有 40 家群眾募資平台倒閉，數十家群眾募資平台轉型。

如果你是面臨資金壓力的虛擬實境創業家，不妨試試透過群眾募資去發表自己的計畫，實現自己的理想。

5

《阿凡達》帶來的
想像與思考

　　魔法是什麼？有的魔法是虛假的傳說，有的魔法是鴿子的迷信，有的魔法是奇妙的幻想，有的魔法則是超越時代的先進科技。

　　你一定記得英國作家 J・K・羅琳（J. K. Rowling）創作的奇幻小說《哈利波特》（Harry Potter）系列，書中描繪了一個奇妙的魔法世界。現在，我們知道了魔法的另一個名字，那就是虛擬實境。利用虛擬實境技術，我們能讓魔法變為「現實」，讓隱身和飛行成為可能，讓精靈和魔法真正地存在。

　　美國科幻奇幻大師羅傑・澤拉茲尼（Roger Zelazny）最富盛名的科幻史詩作品《光明王》（Lord of Light），就建構了這樣一個故事：人類乘坐飛船來到一個遙遠的星球，靠著強大的科技，人類統治了這裡。為了維護統治，掌握著高科技的人類把自己塑造成天神，憑藉著「科技」這一魔法，奴役著低等凡人……。

　　英國著名科幻作家、科學家，兼國際通訊衛星的奠基者亞瑟・查理斯・克拉克爵士（Sir Arthur Charles Clarke）曾總結科學文化方面的經驗，提出了三條克拉克基本定律，其中一條就是——任何非常先進的技術，乍看都與魔法無異。就像飛機、火車，在古人看來，都與魔法無異。虛擬實境也是這樣一種技術，它改變了人與機器互動的方式，

為我們展示了一個讓人驚奇的虛擬世界。

虛擬實境能做的事情太多，無論你是否喜歡，它都會用「魔法」改變我們的世界。就單純用字面意義上的「魔法」去解讀虛擬實境，我們也能感受到虛擬實境帶來的驚喜。

在《哈利波特》電影中有一個《預言家日報》（*Daily Prophet*），報紙上的圖片就像影像一樣，可以動起來。現在，我們不用羨慕哈利波特，借助擴增實境技術，我們也能看到這種魔法報紙。早在 2011 年，Blippar 在愛爾蘭就與其合作夥伴《都柏林地鐵先鋒報》、本地電視節目聯合推出了全球首份擴增實境報紙。透過用設備識別報紙上特定的圖片，讀者就能看到動起來的畫面，獲得更多的資訊。

在中國，《人民日報》、《成都商報》等眾多報紙都曾啟動過擴增實境計畫，「魔法報紙」所帶來的新穎閱報方式，提升了資訊可讀性，讓報刊與讀者的連結更緊密，並在廣告經營上開拓了新的模式。

2015 年《紐約時報》（*The New York Times*）推出的 NYT VR 虛擬實境 APP，配合 Google Cardboard，讀者可以以 360 度的視角親臨新聞發生地，感受最真實的新聞現場，比擴增實境報紙更進一步。

圖 5-1 《紐約時報》推出的 NYT VR

比起透過設備去閱讀魔法報紙，虛擬實境技術更具魔幻色彩，他們可以「創造」出《哈利波特》中的隱身斗篷。瑞典卡羅琳學院（Karolinska Institutet）開展了一項「虛擬隱身術」的研究來緩解社交焦慮症。讓志願者戴上虛擬實境眼鏡，然後讓他們看自己的身體，眼鏡中他們看不到自己的身體，只能看到穿透身體的其他景象。再利用一些其他回饋，欺騙大腦讓他覺得自己隱身了。這個過程並不難，不到一分鐘，大部分志願者都真切地感覺到自己隱身了。將隱身之後的志願者放到陌生人當中，他們的焦慮感明顯比「非隱身狀態」時要低。

獨立開發者 Stormborn Studio 開發了一款虛擬實境遊戲《符文：遺忘之路》（Runes: The Forgotten Path），在遊戲中，玩家扮演一位具有強大魔法的法師角色。玩家透過手勢畫出指定圖形，不同圖形代表不同的符文，再透過符文來控制法師的魔法。隨著互動和感測技術的提升，在虛擬

世界中還會實現更多的魔法技能。

無論是「魔法報紙」還是「隱身斗篷」，這些都只是虛擬實境的初階探索。未來，或是虛擬實境如 Oculus Rift、HTC Vive 或是擴增實境如 HoloLens、Magic Leap，我們一定會看到魔法出現在生活中。當虛擬實境技術足夠成熟，我們也一定可以在虛擬世界中掌握「魔法」的力量，在未知的世界裡冒險。

圖 5-2 《符文：遺忘之路》支援虛擬實境設備

▶ 當虛擬與現實失去界限

讓虛擬與現實失去界限有兩種方式，一種是擴增實境或全息投影將虛擬疊加在現實之上，無法分辨；另一種是完全沉浸在虛擬實境中，無法自拔。

第一種很好理解，擴增實境讓我們的眼睛和大腦被欺

騙，誤以為虛擬的東西是存在的。比如利用電腦技術渲染出物體的所有光線，完美呈現物體的光場，再透過顯示技術將光場資訊傳送到視網膜上。只要顯示效果夠好、延遲夠低，我們就會「看見」這個物體，並認為它確確實實存在著。

就好像在桌子上渲染出的一杯水，看似真切，卻拿不到、喝不了。擴增實境技術比較依賴顯示技術，只有看起來足夠真實，大腦才會被欺騙。人眼的解析度有限，現在的技術已經能夠讓你分不清科幻片中的畫面哪些是真實拍攝、哪些是電腦製作的了，全息投影和擴增實境眼鏡投射的畫面也越來越接近現實。但這種界限可以被感知到，只要與虛擬物品進行互動，基本上就會看出這種界限。如果感受不到物品的溫度、材質、品質，以及反映出的作用力，我們就會知道這杯水是「虛擬」的。

第二種方式實現難度較高，但是一旦實現，虛擬將會與現實平行甚至取代現實，可能會有很多人沉浸其中不能自拔。大腦不太在乎某種體驗到底是虛擬的還是真實的，就像看恐怖電影，明知是假的，但仍會讓我們被嚇壞。同樣地，只要是美好的體驗，哪怕是虛假的，大腦仍會欣然接受。畢竟，相較於真實世界，虛擬世界顯然更加美好。在虛擬世界中，我們不會受傷、不會變老，甚至能飛行、

能感受很多現實中沒有的體驗。

　　想像一下，你不用早起去上課，也不用害怕老闆的訓斥；不會生病上醫院，更沒有賺錢養家的壓力，想去哪裡旅行，只需要想著那個地方就能瞬間到達；你生活在一個沒有你爭我奪、沒有汙染的世界，可以按照心情隨時變換季節和天氣；你想吃什麼東西，食物馬上就會出現，也不必擔心買菜、做飯、洗碗的繁瑣；友善的朋友環繞周圍，量身訂作的情人對你百依百順；你能體驗到想要的所有生活，在這個虛擬的世界裡，所有的體驗都那麼真實，你還能回到小時候和爺爺、奶奶聊天說笑；你隨時可以穿越到女兒 6 歲那年，陪她去戶外野餐；再也不用擔心生老病死，更不用害怕遙遠的未來……這樣的世界很遠嗎？

　　事實上，有些人已經開始沉溺其中了，哪怕是小小的手機遊戲，都有人把其中的虛擬世界當做所有的寄託。有人可以一邊幻想著自己在虛擬世界中征戰，一邊結交裡面的朋友，除了吃喝拉撒睡，可以花費一整天待在這個世界裡。雖沒有擬真的畫面和模型，也沒有複雜的互動和回饋，但仍阻擋不了玩家沉溺其中。

　　2009 年，一部科幻電影鉅作《阿凡達》（Avatar）橫空出世，這部電影由詹姆斯・卡麥隆（James Cameron）導演，講述一個下肢癱瘓的前海軍陸戰隊隊員傑克・蘇里，代替

死去的哥哥參加一個叫做「阿凡達」的計畫。以神經系統連結的方式，他成為外星種族「納美人」的一員。透過這個「納美人」化身，他脫離了癱瘓的身體，能跳躍、奔跑，甚至能騎乘靈鳥（Banshee）飛翔。

在阿凡達的身體裡，他不再是一個有身體缺陷的人，化身能讓他脫離輪椅的束縛，重新站起來。在潘朵拉（Pandora）星球上，蘇里的化身逐漸對納美人產生感情，以致他最終脫離了種族的束縛，真正成為納美人的一員。

不僅是《阿凡達》，在遊戲和虛擬實境世界中，我們的化身也會對我們的本體產生影響。科學表明，身材高大的化身會讓人更自信，漂亮可愛的化身會讓人更受歡迎。這種心理變化最終會影響本體，讓我們在真實生活中同樣變得更自信或更愉悅。

虛擬實境有積極的一面，但也會有消極的一面。虛擬的美好會讓人更依賴它，從而忽略了真實世界，進而對真實世界產生排斥心理；在虛擬的世界中還存在一些欺騙，有些金錢和感情的投入會讓我們受到傷害；在虛擬世界中，不可控制的暴力仍會發生，比如糾纏不休的語言攻擊和肆無忌憚的謾罵等，而且大部分化身的行為都是可追蹤的，程式和網路會記錄下化身的所有行為，這些「數位足跡」很可能會洩露我們的隱私。

　　縱使有諸多的不足，美好的虛擬世界仍令人神往。有得到就會有付出，擁有虛擬世界中的美好一切，我們會有怎樣的風險和代價呢？虛擬實境技術一旦進入終極形態，人類可以透過神經連結進入虛擬實境世界，這些技術最終會對人的身體造成一些潛在的損害，如果迷失在虛擬中，身體得不到鍛鍊，我們會對虛擬世界上癮，不願再回歸真實世界。長期的虛擬生活也許會讓我們產生幻覺，混淆虛擬和現實的區別。強大的虛擬實境技術意味著人工智慧的高度發展，過度強大的人工智慧也開始威脅人類的生存，人工智慧與倫理將會引起學者的廣泛爭論。人工智慧和虛擬實境技術必然會帶來一些潛在威脅，那麼人工智慧和虛擬實境究竟是烏托邦還是精神毒藥，就看擁有者如何使用他們了。

　　當《駭客任務》中的時代來臨，虛擬與真實的界限在哪呢？人生的意義又在哪呢？或許就是這樣，意義並不重要，體驗才是一切。到這一天還很遙遠，我們不必先預設立場，只需要思考，你準備好迎接虛擬實境的到來了嗎？

▶ 機器是人體的延伸，或是人體的對立？

　　談到虛擬與真實，莊周夢蝶的故事是個很好的隱喻，相信大家並不陌生。莊子名周，約誕生於西元前 369 年到

前 286 年，戰國思想家，道家代表人物。以老子、莊子為代表的道家，主張一種無我論，其要義在於：主張「無私」、「無為」，服從自然之道。不同的是老子強調自然無為，莊子注重自由逍遙。

在莊周夢蝶的故事中，莊子在夢中與蝴蝶物我合一，還感受到無比的自由逍遙，這就是一種無我的境界。莊子變成蝴蝶的時候，他是感受不到莊周的，翩翩起舞的蝴蝶就是「我」，我就是蝴蝶。蝴蝶成了莊周的化身，並被植入了莊子的意識，讓他感受到了逍遙自在。從莊周夢蝶的寓言中可以看到，變成蝴蝶的莊子，進入了一種「心理真實」的狀態。絕對虛擬與絕對真實之間如果有一條間隙的話，那麼這條間隙在哪呢？

莊子在夢中絲毫不會懷疑自己在做夢，只有醒來才會發覺：「啊！剛才是在做夢！」夢醒時刻就代表這條間隙嗎？如果這個夢永遠不醒來，那夢中的一切對於「莊子」來說，還是虛擬的嗎？

我們來看圖 5-3 的例子，首先看第一張圖，由正方形黑白方格規則排列組成的圖案。

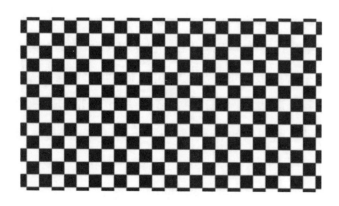

圖 5-3　規則排列的黑白方格

接著，在黑白方格對角線上畫上一些圓點，做出第二張圖，如圖 5-4 所示。這時的圖案在我們眼中就會改變，圖片變得扭曲，而且我們抑制不住也無法修正這種視覺。如果告訴你圖 5-4 仍是規則的正方形組成的圖形，你會相信嗎？

圖 5-4　添加圓點之後，圖案變得扭曲

　　莊子認為虛擬與現實的交錯點是身體。人體就像一個外接多種感應器的 CPU，但是充滿 BUG，易受干擾還會自我腦補。像圖中規則排列的黑白方塊，加上一些小點之後，大腦就會將這些方塊處理成曲線，再也不是規則排列的黑白方塊了。所以，來自視覺、聽覺、嗅覺、味覺、觸覺等感覺回饋到大腦中，大腦進行編譯之後形成了我們認為的「真實」，但這未必就是客觀的「真實」。

　　哲學家伯特蘭・羅素（Bertrand Russell）曾提出：假定這個世界是在 5 分鐘以前被創造出來的，關於「先前」發生的事件的一切記憶以及痕跡，也都是 5 分鐘以前被創造出來的，你如何證明實際情況不是如此呢？羅素認為，你無法證明。

　　同樣的還有「夜間倍增論」，如果在你睡著的時候，所有的一切都按物理規律察覺不出的方式放大一倍，那你能證明這件事發生過嗎？同樣是無法證明的。幾百年前的勒內・笛卡兒（René Descartes）也曾試圖探尋凌駕於感官和科學理論之上的「絕對真實」。而他最終發現，所有人類所認知的「真實」都可以被合理質疑，唯有思考是唯一確定的存在，即「我思故我在」。

　　虛擬實境說到底，就是源於人類的思考與想像，大腦把接收到的資訊建構成一個「心理真實」的世界，虛擬的

東西，如果能夠給我們足夠多的「感知」，那麼我們也會認為它是真實的，這就是虛擬實境的本質。

　　儘管「心理真實」讓人迷惑，但大多數人都能分清虛擬體驗與真實體驗。但正因為大腦太依賴體驗，如果虛擬實境建構的世界給人足夠的「真實」體驗，大腦也會認為它是千真萬確的。當我們跨過虛擬與真實的間隙，虛擬實境將會怎樣改變我們呢？首先從化身說起，我們在與虛擬世界互動時可以透過動作、語音、眼球甚至是神經，這些最終轉化成數位訊號被電腦識別，組成我們的化身，代表著在虛擬實境中的「自我」。

　　我們撫摸一隻虛擬的小貓，它做出了回饋，我們就會感覺化身就是「我」，是「我」在撫摸小貓。這種虛擬到自我的轉變是人適應環境的過程，例如你的朋友站在你面前說：「我是小明。」你絲毫不會懷疑他。有了電話、電腦，你朋友會在網路電話裡說：「我是小明。」看到他的號碼，聽到他的聲音，看到他的影像，你同樣不會懷疑他。實際上，你聽到的、看到的只不過是小明的數位聲音、數位影像而已。如果一個虛擬的小明，能夠模仿小明的聲音、影像和習慣，那你能分辨出來真實和虛擬的小明嗎？

　　電腦科學和密碼學的先驅艾倫・圖靈（Alan Turing）在 1950 年的一篇論文〈運算機器與智慧〉（Computing

Machinery and Intelligence）中提到一種「圖靈測試」（Turing test）：如果一台機器能夠與人類展開對話而不能被辨別出其機器身分，那麼就稱這台機器具有智慧。2014 年，智慧聊天程式「尤金・古斯特曼」（Eugene Goostman）成功讓人類相信它是一個 13 歲的男孩，成為有史以來首台通過圖靈測試的電腦。

人工智慧的發展速度非常快，不少公司都開發出各種類型的智慧機器人。有些能陪伴人類對話、有些能為人類工作，有些模擬機器人的外表已與真人無異。現階段，著名的網路機器人主要有：微軟的小娜 Cortana、蘋果的 Siri、微軟的小冰等，尤其以微軟的小娜和小冰水準最高。

2014 年 5 月 29 日下午，中國的微軟（亞洲）互聯網工程院發表了人工智慧機器人「微軟小冰」，2014 年 7 月 2 日，微軟推出全新微軟二代小冰。憑藉微軟在大數據、自然語義分析、機器學習和深度神經網路方面的技術累積，小冰實現了超越簡單人機問答的自然互動，而且還在不斷進化中。

截至 2016 年 4 月中旬，小冰的新浪微博擁有 2,692,353 名粉絲，在微博、微信等平台，小冰每天 24 小時不間斷地陪伴喜歡它的人。2014 年 10 月 22 日，小冰成為英語培訓機構 EF 的形象代言人；2015 年 12 月 22 日，小冰以實習主

播身分，在東方衛視負責主持每日天氣播報。未來，在虛擬世界中，像小冰一樣的虛擬人物會越來越多，形象也會更具體，讓人更難分辨。

圖 5-5 小冰的微博頁面

早在 1989 年已發表的日本動漫《攻殼機動隊》（*Ghost In The Shell*）中，就已經出現了類似人與機器融合的故事。故事設定在西元 2029 年，以電子和生化技術為基礎的人工智慧和網路主導著每個人的生活。透過植入人體的通訊設備，人類的軀體和思想得以直接與電腦和網路互動。另一方面，透過機械元件來代替身體器官的技術也飛速發展，人類的身體開始機械化，人和機器的界限也變得模糊，人和機器只能透過有沒有「靈魂」（ghost）來區分。由於人

腦和網路連結在一起，腦部變得可被入侵，被入侵的人，
意識和身體都會被駭客支配，「攻殼機動隊」就是為打擊
這種犯罪成立的。

　　未來的世界，人工智慧或許會成為一種新的「物種」，
機器與人類、虛擬與現實將出現眾多難以迴避的問題。生
活中虛擬和真實就算有間隙，你也很難發現它，你不僅無
法發現別人是虛擬的，也無法發現自己是虛擬的。最終的
結果就是，大多數人會在虛擬與真實中徘徊，甚至完全融
入虛擬，將化身當做「自我」，直至迷失「本我」。

▶ 當 AlphaGo 擊敗了棋王：虛擬技術的倫理思考

　　2016 年 3 月 13 日，美國著名當代哲學家、哈佛大學榮
譽教授希拉蕊・普特南（Hilary Putnam）在芝加哥的家中去
世，享年 89 歲。1981 年，普特南在他的《理性、真理和歷
史》（*Reason, Truth and History*）一書中，闡述了關於「桶
中之腦」（brain in a vat）的假設：

　　一個人（可以假設是你自己）被邪惡科學家施行了手
術，他的大腦從身體上被切了下來，放進一個盛有維持腦
存活營養液的桶中。腦的神經末梢連結到電腦，這台電腦
透過程式向大腦傳送資訊，以使他保持一切完全正常的幻

覺。對於他來說，似乎人、物體、天空都還存在，自身的運動、身體感覺都可以輸入。這個大腦還可以被輸入或擷取記憶（消除大腦手術的記憶，然後輸入他可能經歷的各種環境和日常生活的記憶）。他甚至可以被輸入一串代碼，「感覺」到他自己正在這裡閱讀一段有趣而荒唐的文字：一個人被邪惡科學家施行了手術，他的大腦從身體上被切了下來，放進一個盛有維持腦存活營養液的桶中⋯⋯

你如何才能證明自己不處於「桶中之腦」的困境中呢？

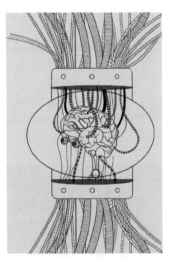

圖 5-6 「桶中之腦」假想（來源：陳苗提供）

在假設當中，桶中之腦連結的電腦能夠完美接受所有人類的輸入、輸出內容，比如你的所有經歷、看見的風景、

吃飯的味道、生病的感覺等，所以大腦根本無法證明自己是否處於「桶中之腦」的困境中。

如何才能打破這種困境呢？ 1999 年由安迪・華卓斯基（Andy Wachowski）執導的《駭客任務》中就講述了一個類似的故事：一名年輕的網路駭客尼歐發現，看似正常的現實世界實際上是由一個名為「母體」（Matrix）的人工智慧系統控制的，尼歐在駭客首領莫菲斯的指引下，回到了真正的現實中，逃離母體並對抗母體的統治。

在電影中，人類的身體被泡在營養液中，透過插在後腦勺和身體上的神經插頭與化身進行互動，在虛擬世界中，化身擁有的所有感覺都可被模擬。尼歐選擇吃下莫菲斯給的紅色藥丸，成功脫離「母體」。當尼歐醒來的時候，他看到的是被泡在營養液中的人類，和一個因人類與機器戰爭而被破壞的地球。

圖 5-7 《駭客任務》截圖：尼歐醒來時身上插滿「連接線」

　　人工智慧和虛擬實境的發展，必將伴隨著倫理思考。如果虛擬實境技術發展到如《駭客任務》般強大，則虛擬出的世界仍然不會是一個烏托邦，仍然會有很多規定和爭議，只是比現實社會有更大的自由而已。

　　很多科幻電影都描述過機器人與人類的戰爭。人工智慧最初都被當做人類引以為豪的科技成果，然而，當機器產生意識，對地球的爭奪最終會導致戰爭。在《駭客任務》中，人類為了遏止機器，用核武器製造雲霧遮蔽天空，意圖毀滅依靠太陽能能源的機器人。失策的是，機器發現透過人體放電同樣可以產生能源，並把人類當做電池「種植」起來，以獲得源源不斷的能源，而母體則被設計用來麻痺人類的意識。

　　在第一代母體裡，虛擬世界是一個完美的烏托邦，人類的所有欲望和需求都能獲得滿足。但這個烏托邦世界並不算成功，人類的情感太複雜，機器無法理解，烏托邦般的世界導致人類快速死亡，能源利用效率極低。後來，母體按人類生活的現實世界虛擬出了新世界，這個世界雖然充滿爭端、競爭、墮落，但卻有效地運作起來，並不斷地更新升級。

　　在《駭客任務》電影中，出現了一個人類的背叛者塞佛，他忍受不了現實世界糟糕的環境和難以下嚥的食物，

想讓意識重回母體而選擇與母體合作。他的心理代表著部分人類的想法，與其在現實中過得如此悲慘，不如在夢中快樂享受。

在現實中，沒人會給我們紅色藥丸，我們也無法去驗證這個世界是不是虛擬的。有人說，根據奧卡姆剃刀原則（Occam's Razor），既然桶中之腦運作產生的結果與你不在桶中的結果一樣，並不會給你的生活帶來任何不同，那就可以忽略它。就像整個宇宙都暫停 1 分鐘，對我們也毫無影響，我們察覺不到，那麼思考它就和思考桶中之腦一樣沒意義，我們只要認真對待現下的生活，按照我們自己的方式生存即可。

1997 年 5 月 11 日，美國 IBM 公司生產的電腦「深藍」首次擊敗了排名世界第一的國際象棋棋手加里・卡斯帕羅夫（Garry Kasparov）。

圍棋的規則比象棋複雜很多，更注重大局，棋局也變幻莫測，當時的媒體預言：「電腦要在圍棋上戰勝人類，還要再過一百年，甚至更長的時間。」然而，2016 年 3 月，Google 旗下的 DeepMind 公司開發的 AlphaGo 人工智慧程式，成功戰勝曾獲得世界圍棋冠軍的職業九段選手李世石，並以四比一的總分獲勝。現在，AlphaGo 的全球排名也上升到了世界第一。

圖 5-8　加里・卡斯帕羅夫不敵「深藍」電腦（來源：澎湃新聞）

　　機器作為工具，已經滲透到人類生活的每一個角落，隨著科技的發展，人類會越發依賴機器，人工智慧全面超越人類並獲得自主意識的情況幾乎無法避免。

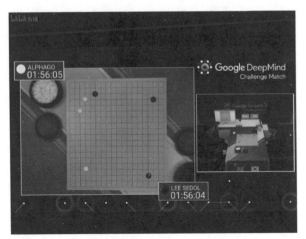

圖 5-9　AlphaGo 與李世石對決（來源：千龍網）

著名科幻小說家以撒 · 艾西莫夫（Isaac Asimov）曾在《我，機器人》（I, Robot）中提出了「機器人學三大法則」：機器人不得傷害人類，或坐視人類受到傷害；除非違背第一法則，機器人必須服從人類的命令；在不違背第一及第二法則下，機器人必須保護自己。但人工智慧的未來遠比小說複雜得多，當機器人獲得意識而無法被控制，「它們」還會受人類指揮，為人類工作嗎？有自主意識的機器人能獲得和人類同等的權利嗎？與我們人類能和平相處嗎？人類有和「它們」一戰的能力嗎？當虛擬實境成為人類生活的一部分，即便人工智慧沒有實體，僅以意識的形態存在於電腦中，我們能分辨它們嗎？或許在虛擬實境中，我們的某個不曾謀面的網友、某個虛擬情人，只不過是一個獲得自主意識的程式罷了。

樂觀地想，《駭客任務》的劇情也許永遠不會上演，但仍有一個倫理問題需要去回答：當人類擁有用電腦模擬一個宇宙、創造一個世界的技術時，會有瘋狂的科學家為了好奇，去模擬我們當今的生活嗎？

▶ 《全面啟動》：我們是活在虛擬還是現實？

《全面啟動》是 2010 年上映的電影，由克里斯多福 ·

諾蘭（Christopher Nolan）執導，李奧納多・狄卡皮歐（Leonardo Dicaprio）主演的電影，影片講述盜夢師唐姆・柯柏和他的團隊，透過進入他人夢境，從他人的潛意識中盜取機密，並重塑他人夢境的故事。

影片主要的故事都是在夢境中發生。夢境一共分為 5 層，第一層夢境就是普通人做夢的夢境；第二層夢境就是夢中夢，需要服用藥物才能到達；第三層、第四層都是不斷深入的下一層夢境；第五層夢境是「混沌域」（Limbo）。每遞進一層夢境，時間就會變慢，在混沌域，時間是無窮無盡的。夢境的空間也不是無限大，越深的夢境，所能容納的建築就越少。

在影片中，柯柏和他的團隊靠修改夢境的內容，將意識植入到目標人物腦中，進而實現改變現實世界的目的。電影的設定和虛擬實境有一定的相似，夢境代表虛擬空間，盜夢師就是負責環境渲染的電腦。盜夢師在夢中可以把自己構想的城市街景、高樓大廈甚至茫茫大海，以無比真實的夢境形式呈現在盜夢對象的腦海中。在夢中，盜夢師依靠圖騰來分辨夢境和現實，比如陀螺、骰子等。

在電影中，柯柏和妻子兩人是探索夢境世界的先驅者，他們在夢中如上帝般創造屬於自己的世界，甚至在夢境中一起走到地老天荒。夢境中他們白頭偕老，但是必須以放

棄現實生活為代價。在進入混沌域之後，妻子貪戀夢境的美好，不想再回到現實，而柯柏想念他們現實中的孩子，於是柯柏為妻子植入意識，帶她脫離夢境返回了現實世界。植入的意識最終影響到妻子對現實世界的認知，她開始懷疑一切，認為現實依然是夢境，最終導致她自殺身亡。

在電影中，被植入的「意識」是虛假的，但是從夢中醒來的人仍會對這個「二手真實」深信不疑，並認為它是自己真實的想法。虛擬實境就如夢境一般，我們會不會也把虛擬實境的經歷錯認為真實的經歷呢？在電影中，柯柏的妻子貪戀夢境的美好，想讓丈夫和自己永遠生活在夢境中，我們會不會也把虛擬世界當做烏托邦，把化身當做真實的自己，沉溺其中不願醒來呢？雖然最後妻子已死去，但由於對亡妻的內疚與思念，她屢屢出現在柯柏製造的夢境中，直到結尾，柯柏識別出夢境中的妻子缺少種種複雜的人性細節，才終於驅逐了心魔。在虛擬實境中，我們會不會讓分裂的意識干擾我們的生活呢？

從社會角度來看，虛擬實境創造的世界和真實世界的社會結構並不會相差太多，不同的只是形式。以遊戲為例，冒險、愛情，以及對生命的思考依然是主題，所能展現的依然是人類社會的映射，本質上與現實社會並無不同。

在虛擬世界中，我們來自哪裡並不重要，是誰也不重

要。我們的過去、文化、性別、身分、國別、財富等標籤都可以被隱藏或虛構，虛擬世界使我們以任意的化身去與人交流溝通。正因為虛擬世界的虛擬性、平等性和開放性，我們生活在其中，會展現出與自身個性不同的一面。我們在虛擬世界中展現的容貌、性格、品格、行為舉止、價值觀等，都可能和真實的我們不相符。虛擬化身的經歷也會反過來影響真實的我們。

斯派克・鐘斯（Spike Jonze）導演曾拍攝了一部電影叫《變腦》（*Being John Malkovich*），講述了另一個進入別人大腦的故事。透過一扇小門，任何人都可以進入演員約翰・馬可維奇（John Malkovich）的大腦中待上 15 分鐘，透過他的眼睛看世界，還能控制他做你想做的事。電影中還設定「與身體做朋友之後就能長期住在裡面」，而不會「15 分鐘後被踢出來」這個情節。

影片中描述了這樣一種觀點：意識與身體之間的關係並不是一一對應的，一個身體可以讓多種意識共存，就像擁有多重人格一般，一個意識也可以存在於自身和化身兩種不同的身體中，比如《阿凡達》中，擁有阿凡達的人類可以控制自身和阿凡達兩具軀體。影片的另一個觀點是：我們將意識侵入別人的大腦中，干涉和分享他人的生活與體驗，是以放棄和泯滅自我為代價的。

　　虛擬實境技術，將我們的意識上傳到虛擬世界化身中，我們付出的代價是什麼？我們體驗化身的生活，必將放棄一部分真實世界的生活，化身是我們的傀儡，我們亦是化身的傀儡。虛擬世界固然刺激美好，但真實的世界才是生命的根基所在。你會選擇在夢境中為所欲為、在虛擬中自由自在，還是在現實中尋找生命的意義呢？

▶ 《阿凡達》的啟示：讓我們的思考在虛擬中永生

　　在卡麥隆導演的電影《阿凡達》中，人類需要透過神經連結的方式把意識轉移到阿凡達中，然後控制它，同一個意識，可以控制兩個身體（人類和阿凡達）。阿凡達是使用人類基因和納美人複製出來的，每個阿凡達只能匹配特定基因的人類。

　　在電影中，當生物學家葛蕾絲受傷時，納美人希望透過靈魂之樹的力量將她的意識轉移到阿凡達中，但是因為傷勢太重失敗了。在片尾，依靠靈魂之樹和納美人的幫助，蘇里徹底擺脫了人類身體，將意識轉移到阿凡達，成為了一個真正的納美人。

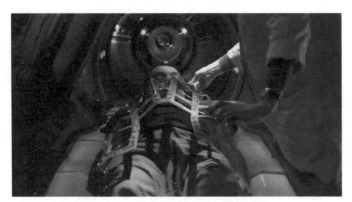

圖 5-10　連結人類和阿凡達的儀器

　　人類的衰老是從身體和器官的衰老開始的，從《阿凡達》中的設定可以得到啟示，如果我們複製出無數無意識的年輕阿凡達，在身體衰老時，將意識透過「靈魂之樹」轉移到新的阿凡達中，那麼不就實現永生了嗎？

　　可預見的是，隨著醫學技術的發展，人類部分衰老或病變的器官可以透過移植捐贈器官、人造器官或機械器官來替換，這也是一種改善病人生活條件和延長人類生命的方法。複製一個人很困難，但是複製細胞或器官不失為一個捷徑。利用幹細胞，以治療為目的的複製技術已在科技界取得了部分成功，比如皮膚細胞、胰島素細胞、淚腺管、血管、氣管等人造器官。2015 年，來自美國俄亥俄州立大學的研究團隊宣稱，他們在實驗室中成功培養出人類的大腦，雖然這個大腦只相當於 5 周大的胎兒，還沒有任何意

識，但是很完整。

生物學上的複製人是一個獨立的個體，他有自己的思想，也會經歷出生、童年、死亡，但基於技術和倫理的原因，意識轉移基本上無法實現。既然意識在肉體間轉移的實現如此困難，那能否將意識轉移到電腦中，透過化身實現虛擬永生呢？

「意識轉移」主題的電影有很多，比較典型的有《毒鑰》（*The Skeleton Key*）、《全面進化》（*Transcendence*）、《露西》（*Lucy*）、《成人世界》（*CHAPPiE*）、《變腦》等。《毒鑰》是神祕主義的人與人之間意識轉移；《全面進化》是利用科技將意識上傳到網路，實現意識虛擬化；《露西》中服用藥物開發大腦，使意識變得無處不在……。

比較有現實意義的就是《全面進化》，這是一部 2014 年上映的美國科幻懸疑片，講述威爾．卡斯特博士開發出了最接近人類的人工智慧機器，在獲得科技界認可的同時，也成了反科技極端分子的眼中釘，在一次刺殺中，他受到放射性物質的侵害，不久於世。妻子和好友決定將他的意識上傳到他研發的人工智慧機器中，使得意識進入網路的卡斯特變得無所不能……。

生老病死是迄今為止所有人類個體都無法迴避的宿命，但追求永生卻是個永垂不朽的課題。永生的概念可以追溯

到人類早期的原始宗教，得道成仙、成佛成聖、魂升天國
等概念的本質即是永生。

　　而「虛擬永生」的概念，一部分靈感來源於英國著名
科幻作家兼科學家克拉克於 1956 年出版的科幻小說《城市
與繁星》（*The City and the Stars*）。克拉克與艾西莫夫、羅
伯特 · 海萊因（Robert A. Heinlein）並稱為 20 世紀三大科
幻小說家。在《城市與繁星》裡就描述到人類如何把意識
儲存於電腦中，讓自己長生不老。

▶ 複製大腦的世界級計畫

　　事實上，對大腦和人工智慧的研究也正是當今許多科
學家的努力方向：

　　2005 年，瑞士洛桑理工學院的科學家亨利 · 馬卡蘭
（Henry Markram）提出「藍腦計畫」。

　　2013 年，歐盟委員會宣布將「人腦工程」列入「未來
新興技術旗艦計畫」，該計畫由瑞士洛桑理工學院統籌，
歐盟有 130 家相關研究機構。

　　2014 年 6 月，美國國立衛生研究院發布「腦計畫路線
圖」。

　　2014 年 8 月，美國國家科學基金會宣布，將資助 36 項

腦科學相關專案。

2014 年，美國奇點大學生物技術和資訊學專案負責人雷門‧麥考利（Raymond McCauley）稱，利用基因修復技術，人類可以自我修復以保持健康和容顏，甚至獲得永生。

2016 年西南偏南科技大會（South By Southwest，SXSW）上，南加州大學教授西奧多‧柏格（Theodore Berger）宣布：在對老鼠、猴子的實驗中，透過人造海馬迴晶片完成了短期記憶向長期記憶「近乎完美」的轉換，這項技術可以備份人腦記憶，並複製到其他人的大腦中。

在中國，腦科學研究已被列為「事關中國未來發展的重大科技專案」之一，研究大腦的機構數不勝數，比如復旦大學、浙江大學、上海交通大學等十幾所學校及中國科學院研究所等。2014 年 1 月 9 日，中國科學院宣布，決定實施「卓越創新中心建設計畫」，腦科學作為首批 5 個卓越創新中心之一，正式啟動實施。

另外，中國「十三五計畫」施行一批重大科技專案，在重大創新領域創建一批國家實驗室，腦科學、智慧製造和機器人皆位列其中。

另一方面，世界級的網路公司也都推出自己的人工智慧大腦計畫，早在 2011 年，在人工智慧專家吳恩達的協助下，Google X 實驗室即實施了「Google Brain」工程，該專

案透過模擬大腦的細胞網路和神經元在大腦皮層的活動，提升機器的深度學習能力。

2014 年，IBM 宣布測試一種機器人新演算法，據稱這種演算法可完全再現人腦。同年 5 月 16 日，吳恩達加盟百度擔任首席科學家，全面負責「百度大腦」的研發，負責機器深度學習和大規模資料分析。在中國，科大訊飛、愛奇藝、京東等企業依據自身專長，也啟動了不同形式的大腦計畫。

在網路上，只要你想，數位足跡總有保存的辦法。即時通訊軟體的聊天紀錄、手機簡訊、郵件來往紀錄、寫在部落格的心情日記、社交網站的生活動態等，這些網路工具分擔了我們大腦的記憶，備份這些資料就是備份我們大腦裡的部分記憶。在網路越來越發達的今天，很多人都在網路上有一個或多個虛擬化身，有人擔心死後的網路帳號、遊戲角色、虛擬財產怎麼辦，有一個網站叫 Eter9，該網站宣稱可以利用人工智慧技術，為用戶創造出對應的「虛擬生命體」，學習使用者在網路上的行為模式，如果使用者因為某種原因不幸離世，它可以模仿使用者的行為模式，繼續分享連結或發文，代替用戶和網友交流，有如他本人還活著一樣。

圖 5-11　Eter9 網站首頁

　　Facebook 的做法是不刪除去世使用者的資料，以供他人緬懷悼念，有統計學家指出，到 2098 年，Facebook 上的死亡用戶數量將超過活人用戶數量，從而變成一個虛擬墓地。還有公司推出過「網上臨終服務」，在使用者死亡後，將用戶託管的虛擬財產轉交給親人。

　　部分記憶的複製已經有所突破，但全面備份大腦，以及將思想上傳到電腦、實現虛擬永生的技術仍有待研究。人工智慧、深度學習與人腦的研究是一種相互促進的關係，對人腦的研究將啟發深度學習、生物電腦及量子電腦的研究，而人工智慧的研究也不斷深化科學家對人腦的認知。我們離虛擬永生還很遠，但科學家的腳步不會停止，思維虛擬化的未來之路也會越來越清晰。

6

結合電影與直播的各種可能

▶ 虛擬實境的相關知識體系

▶ 不可不知的電腦圖形學原理

▶ 讓虛擬場景成真的建模技術及相關軟體

▶ 不懂技術,也能自己開一家虛擬實境體驗館

▶ 用虛擬實境電影,說出一個更具體的好故事

▶ 比直播更前衛的虛擬實境直播

虛擬實境和擴增實境產業越來越蓬勃，它正以你意想不到的速度改變這個世界。正如電腦產業和手機產業的崛起一樣，這是一種運算平台的革命。經過 5 到 10 年的發展，虛擬實境會真正成為市場的主流，你的工作和生活，會有相當一部分世界是沉浸在虛擬世界之中。

如前所述，高盛發表的 VR/AR 產業報告中稱，虛擬實境和擴增實境擁有巨大的發展潛力，這個市場極可能成為下一代運算平台，像電腦和手機的出現一樣影響深遠。

隨著虛擬實境設備的普及，越來越多人意識到虛擬實境的價值和機會。相關創業者前仆後繼，很多還在觀望的資本也開始注入，優秀的虛擬實境公司受到資本青睞，融資額度也與日俱增。在中國，新創公司從 2014 年的數十家增加到數百家。中國網路大公司如聯想、暴風影音、騰訊、樂視等均已在虛擬實境領域中布局。從硬體技術到內容生產，全球虛擬實境產業的人才需求也急劇增加，虛擬實境從業者的數量和品質都進入新的境界。

2016 年相關從業人數比 2015 年年初至少增加百倍，有實力的開發者、設計者還能為虛擬內容貢獻更好的創意、創造更優秀的作品。那麼，你準備好享受虛擬實境帶來的樂趣，或者成為為虛擬實境貢獻的從業者了嗎？

▶ 虛擬實境的相關知識體系

　　想從事虛擬實境或擴增實境相關工作，除了要了解虛擬實境產業，還需要掌握一定的技術知識，特別是想從事遊戲開發的新手，最好能有程式設計基礎。虛擬實境和擴增實境的主要知識體系，按分工不同可分為四類：基礎科學、硬體、軟體、服務，具體內容如圖 6-1 所示。

　　一、基礎科學：電腦技術、電腦圖形學技術、互動感測技術、人工智慧、人體工程學、傳感技術、生物學、神經學、醫學、光學和材料學等。

　　二、硬體：顯示裝置、感測設備、互動設備及其他配套設備。

　　三、軟體：底層系統、桌面環境、應用平台和內容製作。

　　四、服務：線下體驗館、虛擬實境專賣店、育成中心投資、內容分發、資訊媒體、社區論壇、設備維修等。

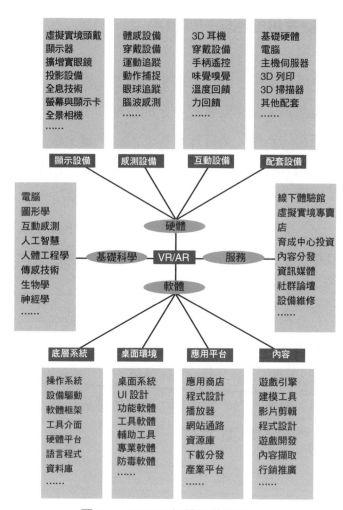

圖 6-1　VR/AR 相關知識體系

▶ 不可不知的電腦圖形學原理

電腦圖形學（Computer Graphics）技術是實現虛擬實境

系統的重要理論，是研究怎樣利用電腦呈現、生成、處理和顯示圖形的原理、演算法、方法和技術的一門學科。淺白地說，電腦圖形學以表達現實世界中的物體為主要目標，其核心是解決如何用圖形作為人和電腦之間傳遞訊息的手段，即人機介面問題。電腦圖形學研究的主要內容包括幾何建模方法、模型處理方法、繪製技術、圖形輸入和人機互動介面等。

電腦圖形學的研究對象，是客觀世界物體中帶有顏色及形狀資訊的圖形。圖形的構成要素有兩種：點、線、面、體等描述物件輪廓、形狀的幾何要素；以及描述物件的顏色、材質等非幾何要素。圖形的表示方法分為點陣法和參數法兩種，點陣法是指列舉出圖形中所有點（簡稱圖像），參數法是指圖形的形狀參數（簡稱圖形）。

一、圖像：狹義上又稱為點陣圖或點陣圖圖像。圖像是指整個顯示平面以 2D 矩陣表示，矩陣的每一點稱為一個畫素，由畫素點所取亮度或顏色值不同所構成的 2D 畫面。其特點是：檔案占的空間大；點陣圖放大到一定的倍數後會產生鋸齒；點陣圖圖像在表現色彩、色調方面的效果，比向量圖更加優越。

二、圖形：狹義上又稱為向量圖形或參數圖形。按照數學方法定義的線條和曲線組成，含有幾何屬性，是由場

景的幾何模型和景物的物理屬性共同組成的。其特點是：
檔案占的空間小；可採取高解析度印刷；圖形可以無限縮放。

電腦圖形學可以把人類構想的圖像有效轉化為使用者
能觀察到的圖像，再結合傳感技術實現自然互動，使電腦
渲染出一個使用者能看到、觸摸到、感受到並具備沉浸感
的虛擬世界。電腦圖形學及相關軟體已成為電腦技術中發
展最快的領域之一。電腦繪圖之後的顯示主要有螢幕顯示、
全息投影顯示、印表機列印、繪圖機輸出、虛擬實境眼鏡
顯示等方式，最後一項是虛擬實境電腦圖形學的重點。

在現實世界中，眼睛所觀察到的物體都是 3D 的，這些
物體的光場資訊比較複雜，而且還包含景深、明暗、透視
資訊等。電腦在虛擬實境眼鏡顯示的圖像一般都是 2D 圖
像，透過分割畫面讓左右眼觀察到不同角度的圖像，從而
實現 3D 效果。

座標系是定位虛擬物件的重要概念，虛擬實境中常用
的座標系分為：世界座標系、局部座標系、視點座標系、
投影座標系、螢幕座標系，如圖 6-2 所示。

一、世界座標系： 又稱全域座標系，用於虛擬場景中
所有圖形物件，和觀察者的位置視線的空間定位和定義。
其他座標系都參照世界座標系進行定義。

　　二、局部座標系：又稱造型座標系，主要為表述物體方便起見，獨立於世界座標系來定義物體的幾個特性，通常在不需要指定物體的世界座標系的情況下，使用局部座標系。透過指定局部座標系的原點，很容易就能把局部物體放入世界座標系內，使它由局部上升到全域。

　　三、視點座標系：又稱觀察座標系，通常以視點位置為原點，透過用戶指定向上的觀察向量來定義整個座標系統，默認為左手座標系。視點座標系主要用於從觀察者角度對世界座標系內的物件進行定位和描述，從而簡化物體的投影面的成像計算。

　　四、投影座標系：又稱成像面座標系，是一個 2D 座標系統，用於指定物體的成像面的所有點。成像面也稱為投影面，可進一步在投影面上定義為視窗的區域中來實現部分成像。

　　五、螢幕座標系：也稱為設備座標系，主要用於電腦圖形顯示裝置的表面點定義。在很多情況下，對於每個具體的顯示裝置，都有一個單獨的座標系統，在定義了成像視窗的情況下，可在螢幕座標系中定義可見區域

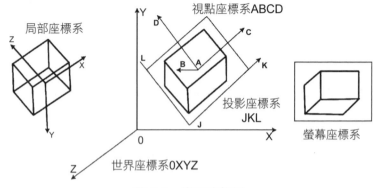

圖 6-2　常用座標系

　　總之，為了在虛擬實境眼鏡上呈現 3D 環境中的物件，必須先建立世界座標系，然後指定視點的方位、視線和成像面的方位。此過程要對座標系進行變換，還需要對模型進行造型轉換、取景轉換、投影轉換、視窗轉換、幾何轉換和視角轉換等多種圖形變換，大致流程如圖 6-3 所示。

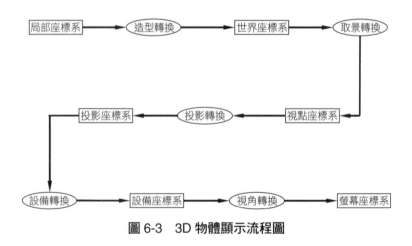

圖 6-3　3D 物體顯示流程圖

▶ 讓虛擬場景成真的建模技術及相關軟體

　　虛擬場景建模是虛擬實境技術的關鍵技術之一，虛擬世界的真實感決定用戶的沉浸感，簡陋的場景會讓用戶覺得虛假，過於複雜的場景和演算法又對電腦性能要求太高，還會增加互動難度，影響即時性。現有的建模技術主要可以分為基於圖形渲染的建模技術、基於圖像的建模技術和圖形與圖像混合的建模技術。

　　評價虛擬實境建模技術的指標包括四點：精確度、操縱效率、易用性、即時顯示性。

　　精確度是衡量模型表示的物體精確程度，是表現物體真實性的重要元素之一。操縱效率是提升運算效率的指標，模型的顯示、運動、衝突檢測等都是頻率很高的操作，必須運作得相當順暢。易用性是指建模技術應盡可能建構和開發一個好的模型，包括物體的幾何和行為模型。即時顯示性是指提升模型在虛擬環境中的畫面更新率，降低延遲，是提升顯示效果的重要指標。

　　建模技術可以歸納為以下兩種形式：

　　一、Polygon 多邊形建模：這是一種傳統的建模方法，任何模型都可以看成是由無數三角形面按一定的組成關係所構成的 3D 物件。多邊形建模適合建立規則的物體模型，

多邊形建模的基礎在於點、線和多邊形。任何使用多邊形建模的圖形，其構成模型的面數越多，模型的細節表達得越細緻，模型也越真實。

二、NURBS 建模：NURBS 曲線和 NURBS 曲面在傳統的製圖領域是不存在的，是為使用電腦進行 3D 建模而專門建立的。NURBS 數學運算式是一種複合體，在 3D 建模的內部空間用曲線和曲面來表現輪廓和外形，NURBS 曲面與 NURBS 曲線本質上有一樣的屬性。

建模效果仰賴於建模軟體，若能熟練使用建模軟體，便能有效表現出真實的效果。對於有程式設計基礎的從業者，建議選擇 OSG（OpenSceneGraph）、OGRE（Object-Oriented Graphics Rendering Engine）等開源平台，如果沒有程式設計基礎，那就從 Virtools、Quest3D、Unity3D、Web3D 等軟體開始。對於想從事虛擬實境內容開發的人來說，需要學習以下工具、軟體、引擎或平台：

一、OSG：OpenSceneGraph 的簡稱，使用 OpenGL 技術開發，是一套 C++ 平台的應用程式介面（API）。提供了運用 OpenGL 技術的框架，並提供了很多附加的功能模組來加速圖形應用開發。它讓程式設計師能夠更加快速、便捷地創建高性能、跨平台的互動式圖形程式。

二、OGRE 引擎：Object-Oriented Graphics Rendering Engine（物件導向的圖形渲染引擎）的簡稱，是用 C++ 開發的物件導向且使用靈活的 3D 引擎，它的目的是讓開發者能更方便地開發用於 3D 硬體設備的應用程式或遊戲。它只是圖形引擎，並不包括聲音、物理引擎等的功能。

三、Maya：Maya 是 Autodesk 旗下的著名 3D 建模和動畫軟體。Maya 功能完善，製作效率極高，渲染真實感極強，是電影等級的高階製作軟體。整合了 Alias、Wavefront 最先進的動畫及數位效果技術。不僅包括一般 3D 和視覺效果製作的功能，而且還與最先進的建模、數位化布料模擬、毛髮渲染、運動比對技術相結合。

四、UE4（Unreal Engine 4，虛幻 4 引擎）：UE4 是由 Epic Games 公司推出的遊戲引擎，它具有強大的圖形處理能力，包括高級動態光照，新的粒子系統等。UE4 是 UE3 的後續版本，支援的平台有 PC、Mac、iOS、Android、Xbox One 及 PlayStation 4 等。

五、Unity3D：Unity 是由 Unity Technologies 開發的綜合型遊戲開發工具，能讓玩家輕鬆創建諸如 3D 影片遊戲、建築視覺化、即時 3D 動畫等類型的互動內容，是一個全面整合的專業遊戲引擎。Unity 沒有真正的建模功能，基本上所有的模型都需要從資源庫下載，或在第三方 3D 軟體裡創

建，它支援很多 3D 建模軟體的資源格式，例如 3ds Max、Maya、Softimage、CINEMA 4D、Blender 等。

六、Virtools：法國 Virtools 公司開發的強大元老級虛擬實境製作軟體，可以將現有常用的檔案格式整合在一起，如 3D 的模型、2D 圖形或是音效等。Virtools 是一套具備豐富互動行為模組的即時 3D 環境虛擬實境編輯軟體，可以製作出許多不同用途的 3D 產品，如遊戲、多媒體、建築設計、模擬與產品展示等。

七、OpenGL Peformer：由 SGI 公司開發，在即時視覺化模擬或其他對顯示性能要求高的專業 3D 圖形應用領域裡，OpenGL Performer 為創建此類應用提供了強大、容易理解的程式設計介面。Performer 可以大幅減輕 3D 開發人員的程式設計工作，並可以很輕易地提高 3D 應用程式的性能。

八、Vega：由 MultiGen-Paradigm 公司開發的軟體，用於即時視景模擬、聲音模擬和虛擬實境等領域。使用 Vega 可以迅速創建各種即時互動的 3D 環境，以滿足各行各業的需求。

九、3ds Max：3D Studio Max 的簡稱，是由 Discreet 公司開發（後被 Autodesk 公司合併），用於個人電腦系統的 3D 動畫渲染和製作軟體。

十、Converse3D：Converse3D 虛擬實境引擎，是由北京中天瀬景網路科技自主研發的一款 3D 虛擬實境平台軟體，可廣泛應用於視景模擬、城市規劃、室內設計、工業模擬、古蹟復原、娛樂、藝術與教育等產業。

還有一些其他的虛擬實境相關軟體或建模工具，比如 Lumion、VEStudio、Alias、Rhino、CAD、UG NX、Pro/E、Catia、HeroEngine。不同的建模軟體各有特點，使用場景也不同，但軟體的本身優缺點是相對的，不同軟體和工具可以滿足不同的需求，使用者應該根據自身情況和所處的產業特點來選擇適合自己的軟體。對這些軟體也無須全部了解，只需要熟練掌握幾款即可。

從事虛擬實境產業並不局限於遊戲開發，虛擬實境技術還可以用於健康、房地產、物流、工程、體育、影視、旅遊等，你的一個想法也許可以改變一個產業，你也可以搶占先機，為小眾需求做出獨特的內容，發掘有潛力的市場。

▶ 不懂技術，也能自己開一家虛擬實境體驗館

沒有技術，不會程式設計，就不能從事虛擬實境產業了嗎？錯了！我們還可以以虛擬實境愛好者的身分從事虛

擬實境公園、線下體驗館、虛擬實境設備專賣店、育成中心投資、資訊媒體、社群論壇等虛擬實境工作，這裡就來談談，如何開一家虛擬實境體驗館。

高階的虛擬實境體驗館以虛擬實境主題公園、遊樂場或虛擬實境網咖的形式為主。這類體驗館投資較大，為玩家配備最先進的設備，透過各種感測器將虛擬實境和真實世界結合起來，提供最佳的虛擬實境體驗。可以預見，類似 The Void、Zero Latency 的虛擬實境主題公園，將會是虛擬實境高階體驗場所的代表，它能提供最優質的虛擬實境體驗，並且彌補其他虛擬實境體驗的不足之處。

在中國，網咖是遊戲愛好者的首要聚集地，將虛擬實境引入網咖，無疑是普及虛擬實境技術的最佳方式。電腦產業也經歷了網咖到家庭的普及路線，虛擬實境設備高昂的價格仍為用戶購買設置了較高的門檻。虛擬實境體驗館付費體驗的模式，不僅有益於設備的普及，還有益於拓展市場。隨著電腦和智慧手機的普及，流行一時的網咖正在面臨巨大的生存危機，許多網咖選擇在原有的上網功能之外，打造更好的環境，並提供圖書、咖啡、餐飲等。改變了上網環境的網咖逐漸變成高階遊戲娛樂場所，不再是十幾年前那種烏煙瘴氣的環境。

在日本，已有部分網咖設置了「VR THEATER」服務，

為玩家提供虛擬實境體驗場所。著名的虛擬實境企業 HTC
也正試圖挖掘這個市場，它與網咖軟體供應商順網科技合
作，在杭州試點虛擬實境遊戲，玩家可以花數十元人民幣，
在專門的房間內體驗虛擬實境遊戲。順網科技為服務 1 億
網咖玩家，將在網咖逐步部署 HTC Vive，借助遊戲的力量
打開虛擬實境消費市場，一方面增強網咖競爭力，另一方
面推廣虛擬實境技術。

　　現階段，虛擬實境技術仍不完善，存在著很多問題，
比如畫面顆粒感嚴重、暈眩感強烈、內容不足、互動不自
然、硬體成本高等。而一般網咖依靠上網時長收費，體驗
虛擬實境因眩暈等原因，時長一般不會太長。此外，設備
的使用成本高、占用場地大及內容的不足，也制約著虛擬
網咖的發展。

　　低階的虛擬實境體驗館設備數量和規模都較小，開在
人潮較多的商場或遊樂場中，供消費者體驗遊玩。虛擬實
境體驗館使用的設備也五花八門，一類是以 Oculus、HTC
Vive 等主流虛擬實境設備體驗為主遊戲體驗館；一類是以
蛋椅、虛擬駕駛艙搭配國產虛擬實境眼鏡為主的影視體驗
館。虛擬實境體驗館一般按次收費，價格在 15 到 50 元人
民幣不等，主要體驗內容為影視、遊戲。一家 10 平方公尺
左右的虛擬實境體驗店，初期投入成本在 10 萬到 20 萬元

人民幣左右，可以開設在商場、電影院、公園、遊樂場、車站、學校周邊等。

10 平方公尺左右的虛擬實境體驗館，開設成本比虛擬實境主題公園和網咖要低得多，可以作為虛擬實境創業的一個方向。在中國，開展虛擬實境體驗館加盟業務的公司眾多，都打著 7D、8D、9D 影院的旗號，至於真正效果還要用戶親身體驗才知道。同時我們也要看到，目前的虛擬實境設備品質良莠不齊、內容數量屈指可數、體驗效果也差強人意，而且每年都面臨著設備更新換代的壓力，所以選擇開設虛擬實境體驗館也要格外慎重。

▶ 用虛擬實境電影，說出一個更具體的好故事

2016 年 1 月 21 日到 31 日，美國猶他州派克城舉辦的最新一屆日舞影展上，虛擬實境主題的遊戲或影視作品出現了 30 部，是去年的三倍多，而且每一部都彰顯出在虛擬實境技術運用方面的獨創性。Oculus 還成立了專門的電影工作室 Story Studio，推動虛擬實境電影的發展。中國也有不少從事虛擬實境影片拍攝的企業，比如追光動畫、蘭亭數字、熱波科技等。

2016 年 3 月，暴風科技收購藝人吳奇隆和劉詩詩夫婦

投資的稻草熊影視 60％的股權，吳奇隆曾透露，稻草熊未來會在虛擬實境上有一些動作。同月，著名導演張藝謀以聯合創辦人兼藝術總監的身分，出現在「當紅齊天」虛擬實境公司的活動現場，高調宣布將進軍虛擬實境產業，或將指導拍攝虛擬實境電影。

　　虛擬實境技術是一股改變世界的科技力量，除了遊戲產業之外，開發者最想把它應用於電影產業中。一方面，導演們擁有了一種全新的說故事媒介；另一方面，靠著沉浸感和多視角，虛擬實境技術讓人們可以真正融入電影中，改變人們的觀影方式。現階段的全景影片還沒有真正意義上的大製作電影出現，不過可以在虛擬實境市場看到很多影片的全景片段、全景直播、全景 MV、全景旅遊等。因為看虛擬實境影片需要全程戴著虛擬實境頭戴裝置，而且還需要不時轉頭觀察背後，用戶的目光不集中，增加了用戶的觀影難度，長時間使用，用戶還會有「疲憊」、「頭暈」等不良反應。

　　大製作、時間長的影片難以成為虛擬實境影片的主流，反而 20 分鐘以內的體驗類、劇情類、創意類的微電影可以作為先驅，為用戶帶來不錯的觀影體驗。接下來需要討論的是，虛擬實境影片該怎麼製作呢？

　　虛擬實境影片按製作方式，可分為動畫和實景拍攝兩種。動畫製作主要用於動畫電影及真人表演類影片的部分

虛擬場景；實景拍攝主要依靠多台 3D 攝影機或全景相機進行拍攝，讓觀眾彷彿置身電影之中，並能夠觀察到影片的任何角度。

動畫電影一般注重哲理性、思想性、創新性、藝術性、趣味性，與真人拍攝相比，動畫製作具有三點優勢：電腦製作能創作出現實中不存在的場景和角色，適合以虛擬實境的形式表現；想像力豐富，提供了真人拍攝無法比擬的特效；動畫角色可以誇張地表現情緒，更加有趣生動。但動畫電影的製作需要專業的美術團隊，場景和特效複雜的動畫製作成本也較高，適合有實力的動畫導演去嘗試。

電影被稱為「第七藝術」，運用蒙太奇剪接技巧，具有超越其他一切藝術的表現手段，是可以容納建築、音樂、繪畫、雕塑、詩歌和舞蹈等多種藝術的現代科技與藝術的綜合體。從底片到虛擬實境，電影已深入到人們生活的核心，成為娛樂活動不可或缺的一部分。

實景拍攝的虛擬實境影片也有兩種方式，一種是以多台 3D 攝影機拍攝、具有景深資訊的立體全景電影；另一種是以全景攝影機拍攝沒有出屏效果的普通全景影片。實景拍攝還有以下幾大難題：

一、攝影設備缺失：使用多台 3D 攝影機拍攝後期的拼接處理費時費力；使用全景相機拍攝的影片 3D 效果不佳。

　　二、拍攝難度增加：虛擬實境影片讓說故事的方式改變了，拍攝也變得更難，攝影機放在固定位置，所有無關人員都要避免出現在畫面中。

　　三、表演難度增加：虛擬實境影片的蒙太奇剪輯手法應用更少，拍攝中要保持較高的連貫性，盡量減少鏡頭的切換，演員需要在一個鏡頭中完成的表演量增加了，擴大了表演難度。

　　四、說故事的難度增加：觀眾的視角被分散到 360 度，難免會錯過一些劇情，如果錯過關鍵點，則可能會無法理解整個故事。

　　五、故事創意：虛擬實境影片獨特的沉浸感和觀影形式，提升觀眾的觀影預期，拍攝手法和故事創意如果沒能體現虛擬實境的特點，那麼也會降低觀眾的觀影體驗。

　　虛擬實境電影也不一定是 360 度的，比如畫面可以集中到 120 度或者 180 度的視野裡，在此基礎上提升 3D 效果和畫質，就能帶來不錯的體驗。

　　未來虛擬實境電影的形式肯定會越來越豐富，甚至會顛覆整個電影產業。比如電影可以擁有超多的視角，根據觀眾的選擇變化不同的視角，甚至電影的劇情和長度也會根據觀眾的介入發生相應的變化。虛擬實境技術能讓觀眾沉浸在

電影當中，那時候的電影將更真實，給觀眾的衝擊將更大。

◉ 比直播更前衛的虛擬實境直播

　　直播是一個廣泛的概念，傳統的直播是指透過文字、圖片、音訊的方式，即時（或延遲 20 秒）向觀眾傳遞體育賽事、演唱會、新聞、綜藝等節目訊息的過程，有別於經過後期剪輯、合成的播放方式。

　　近年，隨著硬體性能和頻寬的提升，網路上興起了直播風，出現了眾多直播平台：比如中國就有鬥魚、熊貓、YY、戰旗、龍珠、虎牙、花椒、映客、KK 等各式各樣的上百家直播平台。主播直播的內容也是五花八門，日常生活、歌唱表演、遊戲競技、工作、戶外、體育等皆可直播。

　　其中，尤以遊戲電競直播最為火熱，《英雄聯盟》、《遺蹟保衛戰 2》（DotA 2）、《俠盜獵車手》（GTA5）、《爐石戰記》等遊戲的直播關注量都極高。在遊戲直播中，主播可以與觀眾即時互動，觀眾可以購買虛擬禮物贈送給主播，主播和平台的收入主要就來自於觀眾購買禮物的消費。遊戲是直播內容的核心，也同樣是虛擬實境應用的核心，未來虛擬實境技術一定能和網路直播結合，創新出獨特的直播模式。

圖 6-4　鬥魚 TV 官網截圖

圖 6-5　虎牙直播官網截圖

圖 6-6　熊貓 TV 官網截圖

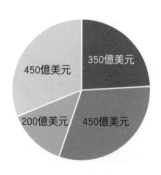

■轉播權(350億美元)　■贊助(450億美元)　■獨家授權(200億美元)　■其他(450億美元)

圖 6-7　2015 年全球體育市場規模

　　現階段，虛擬實境直播技術主要應用在體育賽事、演唱會、新聞報導等活動中，透過虛擬實境直播，戴頭戴顯示器的觀眾可以如穿越一般身臨其境，感受到現場的氣氛。最著名的虛擬實境直播公司莫過於業界領先的 NextVR了。NextVR 的主要直播內容為體育賽事，他們參與過足球、棒球、籃球、曲棍球等多場比賽。直播時，採用多套系統，提供不同的視角，每套系統都裝備價值 18 萬美元的6 台 Red Epic Dragon 6K 攝影機，為觀眾提供 360 度 3D 虛擬實境影像。目前，NextVR 已經與 NBA、NHL、MLB、NASCAR、福斯體育等機構合作，繼續擴大虛擬實境直播的影響力。

　　根據資料顯示，2015 年全球體育市場規模為 1450 億美元，其中包括 350 億美元的媒體轉播權收入、450 億美元的

贊助和 200 億美元的獨家授權。虛擬實境直播可以創造出一個新的營收來源，還能提升觀眾的觀看體驗，未來，越來越多的賽事將提供虛擬實境直播服務。

2016 年巴西里約熱內盧奧運主轉播商奧林匹克廣播服務公司已經宣布，將在 2016 年 8 月 5 日到 21 日召開的奧運會上，啟用虛擬實境直播。三星的 Gear VR 也在 2016 年年初參與了多場冬季青奧會體育賽事直播，三星還宣布與英國轉播的天空新聞台（Sky News）展開合作，將在體育、新聞、影視及泛娛樂領域創作大量的虛擬實境內容。

在中國，樂視體育、華人文化、摩登天空等公司均開始布局虛擬實境直播。2016 年 4 月 5 日，華人文化宣布，將在中國國家隊、中超聯賽、足協盃賽、業餘足球聯賽等中國重要足球賽事中，嘗試提供虛擬實境直播訊號。該業務由虛擬實境內容生產公司 Jaunt 負責，Jaunt 的業務涉及虛擬實境的硬體、軟體、工具、應用開發及內容生產，曾獲得華特 · 迪士尼公司（The Walt Disney Company）、華人文化產業基金、Evolution Media Partners 和 TPG Growth 的共同投資。摩登天空成立子公司，推出「正在現場」，打造中國的音樂現場虛擬實境直播平台。

在直播產業，NextVR 的系統無疑是先進的，但是所使用的方案造價較高。NextVR 使用的技術與 Lytro 光場

相機相同，都使用了光場攝影技術，有別於以色列 Replay Technologies 公司使用的 FreeD 技術。配備了光場技術的鏡頭，可以同時捕捉到整個背景的光場，拍攝的照片可以任意改變焦點、移動視角，相當於捕捉了某個場景的全部影像。結合虛擬實境頭戴裝置，我們能在光場攝影技術拍攝出的影像裡移動，就像身臨其境一樣。

目前，中國的一些機構和個人選擇使用得圖 F4、Insta 360 等全景相機進行直播，主要應用於新聞報導、音樂節、演唱會、體育賽事等。使用全景相機進行直播主要有兩種形式，一種是錄播，另一種是直播。

錄播就是先錄製剪輯，然後再透過電視、網路轉播給觀眾；而直播是將畫面即時傳給觀眾，讓觀眾如在現場一般。兩種形式的主要區別就是直播更注重即時性，追求最大限度的臨場體驗。

2016 年 3 月，在北京召開的全國兩會上，就有記者使用全景相機進行新聞報導。比如在「十二屆全國人大四次會議新聞發布會」上，《法制晚報》記者就使用得圖全景相機拍攝了一段全景新聞畫面。這段影片為錄播，從截圖中可以看到，全景影片可以選擇「小行星」、「魚眼視圖」、「普通視圖」三種不同的播放模式。觀眾可以拖動滑鼠或使用虛擬實境眼鏡改變觀看視角，就如同在現場一般。

普通視圖

魚眼視圖

小行星

圖 6-8 《法制晚報》記者拍攝的兩會 VR 全景畫面

　　可以用於直播的全景相機有很多，以得圖 F4 為例，這是一款擁有 720 度視角，超高解析度全景影片拍攝技術，以及 4K 全景直播技術的專業全景相機，擁有獨創的四目超廣角魚眼鏡頭。只需按下拍攝按鈕即可開啟攝影工作，快速捕捉眼前美景，還可以連續錄製 3 小時的影片。作為全景直播的專業相機，得圖 F4 的出色畫質還可以呈現每一個細節、每一個特寫。而且，整個機身重量僅 670 克，輕便小巧，易於攜帶。據得圖執行長何勝介紹，透過得圖自主研發的全景直播功能，觀眾足不出戶便能看到任何想看的場景，而觀看的角度完全由用戶自己決定。

　　使用得圖 F4、Insta 360、得圖 Twin 360、理光 THETA 等全景相機進行全景直播，優點是性價比較高，使用方便，能滿足全景直播的基本要求；缺點是缺乏立體效果，視角多為俯視，影片品質還有待提升等等。我們期待有一天，虛擬實境直播能夠顛覆我們觀看世界的方式。

7

顛覆房地產到醫療業的超級優勢

- ▶ 文化娛樂創新：從遊戲、影音到閱讀模式的顛覆
- ▶ 旅遊體驗創新：重現千年歷史，再造已逝遺跡
- ▶ 建築裝潢創新：新家成形前，搶先一步看房、裝潢、施工
- ▶ 醫療健康創新：手術輔助、治療恐懼與老年陪伴
- ▶ 產業、軍事與運輸創新：加速研發產能，降低交通事故
- ▶ 教育培訓創新：讓課堂更有趣，讓演練更安全
- ▶ 廣告、電商與社交軟體創新：廣告就是生活中的場景

▶ 文化娛樂創新：從遊戲、影音到閱讀模式的顛覆

一、遊戲：虛擬實境遊戲的高沉浸感，會讓遊戲的代入感更強。也許有一天，我們會像《駭客任務》中那樣，以神經連結的方式進行遊戲，在遊戲中體驗真實世界不存在的魔法和歷險，這將為我們帶來超凡的體驗。現階段的虛擬實境遊戲還無法如此「完美」，不過它已經改變了我們玩遊戲的方式，提升了玩遊戲的體驗。未來，虛擬實境還會以更多的方式創新遊戲娛樂，實現前所未有的互動體驗，替用戶帶來極大的代入感和滿足感，就像是我們經歷的第二人生。

二、電影電視：虛擬實境技術的出現，讓導演們擁有了一種全新的說故事媒介，而且靠著沉浸感和多視角，觀眾可以真正融入電影中，創新了觀眾觀看電影的方式。電影不再只是一小塊螢幕上的影象，它將讓觀眾站在電影中心，更直觀真實地體驗電影，甚至成為影片的一部分。電視節目也會跟隨電影的腳步，推出 VR/AR 版本的節目。比如透過擴增實境眼鏡看電視，你能看到別人不可見的一些額外資訊，獲得更豐富的體驗。觀眾可以透過虛擬實境置身於節目中，讓新聞、綜藝等節目的臨場感更強。

三、虛擬娛樂場所：虛擬實境將改變許多人的娛樂方

式。以遊樂場為例，傳統的遊樂場常常人滿為患，有的設施排隊半小時卻只能體驗十分鐘；遊樂場的全部設施又太多，一天下來只能玩幾項；有些設施還有一定的危險性，膽小的人玩雲霄飛車簡直就是一種折磨……。虛擬遊樂場將改變這種現狀，它讓你在咫尺之間就能體驗到無數的項目，而且安全無虞。利用虛擬實境建立虛擬舞台、虛擬遊樂場、虛擬 KTV 等，讓你不僅能放開自我唱歌跳舞，還可以和其他人一起互動，體驗到比真實場館還好玩的娛樂方式。

　　四、閱讀：讀書看報不再只是盯著文字圖片，你的圖書和報紙將會「活過來」，圖片是動態的、還可以任意縮放，文字的顏色隨著你的心情任意調節。你隨時可以走到書中描述的場景中去感受作者所見所想，也可以穿越到新聞事發地了解事件經過。圖書的形式和閱讀的方式都會變化，未來的圖書將會嵌入更多能不斷更新的資訊，不再是目前要等好幾個月後再版，才能修正書上的內容。而且讀者不同，資訊也可以不同，作者既是閱讀者又是創作者，為你徹頭徹尾地量身訂作。

　　五、直播：如上一章所述，虛擬實境直播技術可以應用於體育賽事、演唱會、新聞報導等活動中。以體育賽事直播為例，使用數套 3D 直播設備，從不同的角度直播比賽現場。觀眾可以任意切換視角，從不同的角度觀看比賽；

使用 3D 光場相機，觀眾還能在畫面中移動，臨場感更強；直播還會設置暫停比賽按鈕，觀眾可以隨時暫停，尋找精彩鏡頭並分享給好友等。以體育賽事直播為主的高品質直播內容，可以透過授權轉播，以收取虛擬門票的方式獲利。另外，現在相當流行的網路直播也可以創新出一些新的直播方式，比如讓戶外直播、主播表演等內容都能以全景的方式展現，觀眾的臨場感和體驗效果將更好。

六、圖書館：目前，傳統電子書還局限在文字、圖片等傳統內容，而虛擬實境圖書館不僅能夠囊括傳統圖書，還能儲存聲音、影片等資訊，豐富數位化資源。使用虛擬實境技術創建圖書館，可以把科學技術、古籍善本的原貌展示給更多人，讓更多的人能感受到文化的魅力。

未來，我們的文化娛樂活動將在虛擬世界中變得更豐富，在虛擬世界中，我們都是以化身的形式平等地出現在別人面前。正如《第二人生》（*Second Life*）遊戲中所描述的那樣，這是另一個世界和人生，你可以選擇你喜歡的方式去生活。在虛擬世界中，再也沒有空間的限制，資源的價值也被無限放大，它讓所有人都可以平等地獲得知識、享受人生。

圖 7-1　號稱全球首個使用虛擬實境技術的直播平台 VREAL

▶ 旅遊體驗創新：重現千年歷史，再造已逝遺跡

一、虛擬旅遊：

◆ **虛擬景點**：把景點最美的時刻儲存到虛擬世界中，利用虛擬實境技術，遊客可以隨時到風景區遊覽，不受時間、空間、天氣、季節的限制，也減少了出遊的危險性。虛擬景點將取代旅遊攻略、遊記的功能，讓遊客可以提前身臨其境地感知目的地的美景，方便其規劃行程。這具有宣傳和擴大影響的作用，促進旅遊業發展。

◆ **虛擬導遊**：使用虛擬實境或擴增實境技術，遊客在遊覽時可以從虛擬導遊那裡獲取景點的路線、介紹、歷史知識等，增強了遊覽體驗。

二、**虛擬博物館**：借助虛擬實境技術，博物館可以架設在網路上，用豐富的數位形式展現博物館的文物。參觀者可以在虛擬博物館中自由行走，全方位細緻地觀察文物，還能獲得豐富的文物訊息，比現實中參觀博物館還有趣。如果技術進展得夠強大，我們還可以將人類所有的文物和遺跡，分門別類地放到同一個虛擬展覽館中，供大眾參觀研究。虛擬博物館不僅以數位的形式記錄了人類的歷史，還有效地減輕了現實中博物館保護文物的壓力，減少受到光照、運輸、失竊的危險。

三、**重現古蹟**：虛擬實境可以復原歷史上的名勝古蹟、歷史建築、風土人情等。古代文明有其輝煌之處，甚至是遙遠的恐龍時代都有其魅力所在，對於喜歡探幽尋古的遊客來說，如果能透過虛擬實境體驗這些歷史文明，將是絕佳的視聽享受。

穿越劇中那些劇情也許會成為現實，用戶透過虛擬實境，把自己變成歷史的主角，體驗歷史事件、感受古人生活等。重現歷史讓民眾的歷史教育將更為直觀，很多只有當事人才能體會的喜怒哀樂將讓民眾感同身受，對歷史的認識也更清晰。

四、**虛擬城市**：如果你想從北京去巴黎，就要花費數千元人民幣，坐十幾個小時飛機才能到達。到了這樣一個

陌生的城市，交通、住宿、餐飲、遊玩都會遇到各種問題，那你想不想在去之前先感受一下巴黎呢？虛擬城市就可以做到，你可以隨時穿越其中，以你想要的速度和角度去提前感受你要去的城市，讓規劃行程、熟悉路線變得簡單。虛擬城市還可以應用於城市規劃、交通、消防等。

五、無形文化遺產：根據聯合國教科文組織（UNESCO）《保護無形文化遺產公約》（*Convention for the Safeguarding of the Intangible Cultural Heritage*），指被各群體、團體、有時為個人所視為其文化遺產的各種實踐、表演、表現形式、知識體系和技能，及其有關的工具、實物、工藝品和文化場所。

各個群體和團體隨著其所處環境、與自然界的相互關係和歷史條件的變化，不斷使這種代代相傳的無形文化遺產得到更新，同時使他們自己具有一種認同感和歷史感，從而促進了文化多樣性和激發人類的創造力。時代的變遷讓無形文化遺產失去了原有的存在條件和社會環境，也就慢慢走向消亡。有些民族習俗和語言、美術、書法、音樂、舞蹈、戲劇、曲藝和雜技、醫藥和曆法、傳統禮儀、節慶等文化的保護變得更加艱難。利用虛擬實境技術，可以將這些無形文化遺產的精髓傳承下去。

圖 7-2　湖南省線上虛擬全景博物館

　　六、戶外運動：許多戶外運動都具有一定的危險性，比如攀岩、滑雪、跳水、衝浪、高空彈跳、越野、潛水、飛行傘、極限自行車、跑酷等運動項目。而冒險是人的天性，即便是膽小的人，也想體驗戶外運動的樂趣。使用虛擬實境技術，我們可以在安全的環境中模擬戶外運動的環境和過程。未來，我們的生活將在虛擬世界中變得更豐富，它將成為我們實現夢想的第二舞台。隨著技術的發展，虛擬旅遊和戶外運動將與真實體驗毫無二致，我們能在其中獲得類似甚至超越真實的體驗。

▶ 建築裝潢創新：新家成形前，搶先一步看房、裝潢、施工

　　一、規劃設計：社區規劃、工廠設計、城市規劃、景

點規劃等與規劃設計有關的產業,都會因虛擬實境技術的發展得到革新。借助 3D 立體建模技術的成熟,所有規劃設計方案都可以透過虛擬實境的方式展現,不再只是平面圖、設計圖、動畫渲染那麼簡單的展示方式,而是可以走進去體驗的虛擬世界,規劃設計得更直觀明瞭。未來的設計師將沉浸在虛擬世界中工作,所見即所得的設計方式也讓設計工作變得簡單有效率。

二、裝修設計:裝修設計是設計師為了滿足使用者對生活居住與工作環境及其他的各種物質要求和精神要求,經過周密、科學的構想和計畫,創造出符合人們理想的功能空間的一個創作過程。未來,使用虛擬實境技術,這個創作過程將變得更簡單快捷,甚至普通人也可以借助工具設計出自己心目中的家。裝修設計不再是設計師一個人的任務,你可以在虛擬空間中和他一起創作。而且虛擬實境支援所見即所得,不滿意的地方隨手就能更改。利用擴增實境技術,你可以直接在房子裡看到它裝修完成的樣子。

三、虛擬看房:有買房經驗的人一定有過這樣的經歷:首先要到售屋地點,聽行銷人員介紹房屋,先看宣傳資料再看房屋平面圖,時機成熟之後,再看裝潢之後的展示間。而透過虛擬實境,你不僅可以看到各種房型的裝修效果,而且不用到現場,就能查看整個社區和社區周圍的未來環

境。租房時也是如此，虛擬實境為房產銷售／出租，提供了一個全新的行銷理念。千里之外，顧客就能看到要買的房屋，還能嘗試在裡面添加喜歡的家具，直觀地感受到未來新家的樣子，節省了很多決策成本。

四、虛擬仲介平台：仲介是一種以向客戶提供代理服務的機構，不管是房屋仲介還是其他仲介，都有這樣一個煩惱：顧客想看房、想試用、想體驗時，該怎麼滿足對方？不僅要平衡買賣雙方的利益，還要不停地從中斡旋，時間成本也相應增加。如果使用虛擬實境技術，將房產仲介平台建立在虛擬世界中，所有的房屋都可以任意查看體驗，由買家自主選擇喜歡的屋型或房型，這不正是虛擬實境購物平台的雛形嗎？

五、建築施工：建築施工是複雜的大型動態系統，包含多道工程，建築施工要求空間布置與時間排列要合理有序；不同工程人員以及材料、機械和設施的配合也比較複雜。透過虛擬實境技術模擬施工過程，可以提前發現實際施工中存在的問題，並及時解決處理，因此虛擬實境技術在建築施工中有著多方面的應用。

透過虛擬實境技術，可以選擇出最好的建築施工方案，對於新技術、新材料、新工藝、新設備的應用，都可以在虛擬實境中完成測試，也能真實展示新技術的效果，縮短

建築業新技術的引入期和推廣期，降低新技術、新工藝的實驗風險。

　　施工管理方面，虛擬實境技術能事先模擬施工的整體過程，對於提前發現施工管理中品質、安全等方面存在的隱憂有極大的幫助，以便及時採取有效的預防措施，提高工程施工品質和提升施工現場管理效果。

　　六、模擬研究等：在建築領域，建築的耐火性能、抗震等級、防水等級、節能保溫效果、安全疏散能力都是建築的重要指標。使用虛擬實境技術，可以用模型類比各種建築資料和環境資料，測試建築在各種環境中的表現，驗證建築標準的科學性，使建築物設計更趨於合理、科學、經濟，提升建築的安全性。

圖 7-3　中國著名虛擬實境看房平台：無憂我房

▶ 醫療健康創新：手術輔助、治療恐懼與老年陪伴

　　一、輔助醫生工作：虛擬實境解決方案可以輔助醫生工作，為醫生和護士提供病情資訊和手術進度等，讓醫護人員與患者更有效地互動，提高醫生診斷病情的能力。在遠端醫療的應用上，可採用虛擬實境技術與偏遠地區或戰亂地區的病人及時溝通病情，並進行治療。一些當地醫生無法醫治的疑難雜症，也可透過遠端醫療邀請業內頂尖的醫生進行會診。

　　另外，虛擬實境技術配合微型機器人，還可以對人體內臟、血管、肌肉等部位進行微型手術和人工達不到的精細手術，實現精確及微創治療疾病的目的。2016 年 5 月，據美國《新聞週刊》（*Newsweek*）報導，世界上首例換頭手術正準備實施。這個手術由義大利神經外科醫生塞爾吉奧・卡納維羅（Sergio Canavero）主導，手術將持續 36 個小時，耗資 2000 萬美元，參與者中就有虛擬實境工程師。

　　二、患者康復：在醫院的環境中，患者容易焦慮，使用虛擬實境康復系統，可以為患者提供優美的康復環境，並在系統中設置合理的康復程式，比如運動、認知、邏輯等程式，輔助患者康復。

　　傳統的康復訓練耗費人力物力，對場地的要求較高，

而且效率低下，使用虛擬實境技術，能夠為患者提供最佳
的康復方案，回饋性強、量身訂作的康復方案能有效促進
患者痊癒。虛擬實境感測器技術，可以即時監測患者的各
種生理資料，配合程式，及時將病情回饋給醫生，進而改
進治療方案。

三、疾病治療：虛擬實境可以用於治療恐懼症，比如
治療懼高症或者其他恐懼的念頭。方法就是讓你在虛擬實
境中體驗所恐懼的東西，不斷強化你的耐受能力，直到可
以接受它們為止。虛擬實境還可用於治療精神分裂症、創
傷後壓力症候群、自閉症等心理疾病。使用逼真的機器人
和感測器技術，虛擬實境還可以用於醫術培訓和技術演練，
提高醫生的水準。未來還有可能出現一所虛擬醫院，由虛
擬醫生和虛擬護士利用感測器獲取你的生理數據，進而分
析你的病情，為你診斷並給出治療處方。

四、科學訓練：虛擬實境也將會應用到運動員的訓練
中，使用虛擬實境技術，運動員的體能資料和訓練效果將
被量化，進而科學化地改進運動員的訓練方式。虛擬實境
技術還有利於運動員和教練分析其他運動員的比賽錄影，
從近距離的有利位置去體驗一場比賽，彷彿親臨現場、置
身其中。不僅如此，教練還可以使用虛擬實境技術建構比
賽模型，制定戰術，並驗證其可靠性。

　　五、健身產業：健身是不是很枯燥？減肥是不是很痛苦？有了虛擬實境技術，我們的健身就像遊戲一樣，打球不缺對手了，跑步也有了同伴，運動變得更有快感。虛擬實境還可以讓你在跑步機上就能體驗到海邊、森林、賽事現場等場景，同時虛擬健身教練還能夠一對一對你進行指導，各項運動資料也能非常直觀地顯示在眼前。2016 年 CES 大會上，Icaros 發表了一款飛行模擬器遊戲，你可以乘坐它在樹林間穿梭，並且在遊戲的過程中訓練肌肉，增進協調能力和反射能力。

　　隨著虛擬實境沉浸感的提升，越來越多人會因為缺乏體能鍛鍊出現一些健康問題，而帶有運動性質的遊戲將會受到大家的歡迎。未來，遊戲也是運動，運動也是遊戲，這也是虛擬實境對健康的貢獻。

　　六、養老產業：養老產業是指為老年人提供設施、特殊商品及服務，滿足老年人物質精神文化各方面需求的產業。使用虛擬實境技術，老人可以擺脫枯燥的養老院生活，重拾記憶或者到虛擬世界中去冒險。虛擬實境遊戲能讓老人增強鍛鍊，豐富的大腦活動還有利於老年人預防帕金森氏症等疾病。

　　在醫學上，虛擬實境在疾病的診斷、康復以及培訓中，正在發揮著越來越重要的作用。虛擬實境技術還有很多未

知的應用待開發，在醫療健康領域，虛擬實境和擴增實境的應用才剛剛開始。隨著技術的成熟，虛擬實境一定會在醫療產業大量運用，為醫生治療疾病提供幫助。

圖 7-4　虛擬實境治療蜘蛛恐懼症

▶ 產業、軍事與運輸創新：加速研發產能，降低交通事故

一、農林漁業：以品種改良、環境改造、環境適應、增產等為目的，我們可以用電腦設計出虛擬作物、樹木、畜禽魚類等，然後在實驗室中培育出能與虛擬產品媲美的真實作物，進而促進農林漁業的發展。虛擬實境將成為農林漁業發展的重要工具，它可以對農林漁業生產中的現象、過程進行模擬，達到合理利用資源，縮短農林漁業領域研

究的時間，節約經費、降低生產成本、改善生態環境、提高農作物產品品質和產量。

二、能源礦產：使用虛擬實境技術開發能源礦產安全作業模擬系統，可以應用於危險行業的培訓中。虛擬實境能模擬出生產環境或工作場景，讓工人體會到工作時的真實感覺，加快進度、深化效果，還能鍛鍊工人應對危機的能力。虛擬實境技術還能用於能源礦產的各種開採模型分析中。能源礦產產業的規模一般較大，使用虛擬實境技術把作業區的地貌以及機械活動進行模擬，有利於改進生產效率，提高安全性。

三、工業領域：虛擬實境技術可應用到工業領域的各個方面。從工業設計、功能模擬、生產製造、流水線設計、工廠建造、行銷推廣等皆然。虛擬實境技術能夠為航空、船舶、汽車、工業機械等高階裝備領域的設計提供參考，透過模擬發現設計不良或者裝配錯誤等潛在技術問題，及早修正設計缺陷，加快設計進度，提高設計團隊的設計效率。虛擬實境的應用也將拓展到核電、石油石化、電力、化工、煤炭、工業工程等領域。

四、環境保護：以理服人不如感同身受，使用虛擬實境技術模擬汙染傳播過程、氣候變化過程、環境惡化過程，用畫面和資料讓人類直觀地看見環境汙染帶來的地球變遷，

進而提升大眾的環保意識。不僅用於宣傳，虛擬實境技術的發展，還將推動社會向網路化、數位化、智慧化方向的發展，進而減輕人類對自然的破壞活動。

五、交通運輸：虛擬實境技術可應用到道路建設、橋樑設計、軌道設計、車輛設計以及道路規劃之上。擴增實境技術可以應用於汽車駕駛中，為車輛增加更多的資訊提醒，輔助司機開車，讓汽車駕駛和交通運輸智慧化，減少事故發生。現在許多廠商正在研究的無人駕駛及智慧駕駛技術，都或多或少與虛擬實境和擴增實境技術有關。

六、軍事航空：虛擬實境最早也被應用於國防軍事模擬領域，將先進的模擬技術、虛擬實境技術與網路技術結合，由真實裝備和電腦系統生成虛擬模擬環境，不僅可以用於部隊訓練，還可以用於武器研發測試，採用模擬技術可以使武器等軍事設備的設計和研發週期縮短。作戰時，擴增實境技術能為士兵提供多種戰場資訊，提升單兵作戰的能力。

在航空領域，虛擬實境技術可以用於模擬火箭發射、火星登陸、月球登陸、失重環境、太空漫步等各種宇宙探索活動。不僅為人類在航空產業上累積經驗，還能在模擬過程中發現問題，改進航空器的設計方案。未來，虛擬實境會被更深層地應用到軍事、航空、航太領域，並發揮巨

大的作用。

　　七、機械設計：利用虛擬實境技術，可對機械模型進行各種動態分析，比如波音 777 飛機就是採用虛擬實境技術設計成功的，飛機上的 300 萬個零件及整體設計，是在幾百台工作站組成的虛擬環境系統上完成的。虛擬實境讓機械設計無紙化，既節省了設計費用，又縮短了研發週期，而且充分展示了虛擬實境技術的可觀應用前景。

圖 7-5　NASA 開發虛擬實境火星漫遊計畫「火星 2030 體驗」

▶ 教育培訓創新：讓課堂更有趣，讓演練更安全

　　一、兒童教育：虛擬實境技術可以創新教育方式，讓學習更有趣。如果 VR/AR 作為教育工具應用在課堂上，將為兒童展現有趣且可互動的虛擬世界。不僅可以寓教於樂

滿足孩子的好奇心，還能以創新的方式傳授知識。虛擬實境還會讓兒童的注意力更集中，使他們沉浸在課堂上的一切，學習知識的效率也因此提高。虛擬實境能釋放兒童的天性，讓兒童獲得更多的生活體驗，享受探索的樂趣。

二、學校教學：虛擬實境和擴增實境毋庸置疑會被應用到教育中，傳統的聽說讀寫的教育方式將會徹底被顛覆。圖書將只是一個介面，你可以借助設備感受到書本中的一切。也許有一天，我們學習知識會像複製貼上一樣簡單，有些學科的老師甚至可以由虛擬老師代替，教學效率將更高，效果更好，成本也更低。在學校教學中，還可以利用虛擬實境技術對學生進行各種模擬培訓，比如小學生的安全教育、中學生的素質教育、大學生的就業教育等，讓學生們在虛擬中學會生活。

三、遠端教育：偏遠地區的孩子受教育的機會少，開設虛擬遠端課堂能夠為孩子帶來最好的教育。以往的遠端教育主要透過電視、電腦，方式單一，缺乏互動，隨著虛擬實境技術應用到遠端教育中，學生只需戴上頭戴裝置，就可以穿越到任何名師的課堂學習知識。哪怕身處山區，也能坐到名師的課堂上與老師互動，獲得豐富的知識。學生還能與虛擬老師一對一交流，讓學習變得更有趣，學生之間的交流也更方便。行動不便或苦於疾病的兒童也能選

擇在家接受教育，免除無法前往教室的煩惱。

四、能力拓展：學生的能力應該是多方面的，而課堂所能傳授的知識有限，透過虛擬實境技術，學生們能體驗到在課堂中體驗不到的生活，增加他們的閱歷和能力。學習探索更像是一場遊戲，學生們能夠在其中享受探索的樂趣和發現的喜悅。在教育中，各種危險的實驗都可以透過模擬的方式進行，減少了學生發生危險的機會。

五、軍事訓練：虛擬實境技術還被應用到軍事訓練中，包括戰爭、飛行駕駛和軍醫訓練。透過虛擬實境技術創造出複雜多變的作戰環境，以最經濟安全的方式開展複雜危險的訓練，是模擬技術應用在軍事上的最佳例證。透過模擬戰鬥訓練，美國空軍 2012 到 2016 年之間，共節省了 17 億美元的訓練費用。

利用飛行模擬器可以在地面訓練飛行員，不僅節省燃料，還不受天氣和場地限制，讓訓練更加安全。此外，在模擬飛行過程中，還可以設置一些實機訓練無法設置的障礙，來培養飛行員應對問題的能力。部隊訓練同樣可以使用模擬形式，透過虛擬實境技術創造出複雜多變的作戰環境，以最小的代價完成最複雜的訓練。將模擬系統嵌入到作戰系統，已成為發展國家戰鬥力重要的一環。

六、科學研究實驗：虛擬實境技術和人工智慧技術的

高速發展，是基礎學科成熟的標誌，它們也會反過來推動科技發展。許多科學研究實驗都可以利用虛擬實境去模擬，不僅節省了經費，還降低了危險性。虛擬實境技術還被應用到物理、化學、生物等學科的動態分析實驗中，讓理論驗證更精確。

七、安全教育：安全應變演練一直都有現場布置困難、成本高、帶有危險隱憂等問題。比如火災救援演練、地震逃生演練等，經常很難在現實中逼真地模擬。使用虛擬實境技術，這些演練都可以在虛擬環境中模擬，體驗將更真實，效果也更好，而且虛擬場地可以重複利用，更不需要後續的清潔或恢復。透過直觀虛擬的方式替代現場演習，實現降低成本，消除演練風險，達到安全培訓教育的目的。

圖 7-6　中國的夢莊 AR 著色本，讓圖畫動起來

▶ 廣告、電商與社交軟體創新：廣告就是生活中的場景

一、**廣告**：MediaSpike 公司善於製作遊戲內的植入式廣告，能讓廣告看起來像是遊戲世界的一部分。MediaSpike 正嘗試在虛擬實境世界中植入廣告。MediaSpike 將廣告放在虛擬世界中不會引人厭煩的位置，讓它看起來就像生活中的場景一樣，比如牆面的 LED 螢幕上，或是客廳裡的電視畫面。

未來虛擬世界中的廣告肯定會出現一些創新的形式，而不是像現在網站廣告、影片廣告那樣平面化。如同許多科幻電影展示的那樣，廣告就像全息投影一樣出現在我們面前，展現更直觀的行銷資訊，若是不喜歡，直接穿透它即可。

二、**軟體產業**：與廣告、文化藝術創作一樣，程式設計工作也可以完美移植到虛擬實境世界中。未來或許會出現虛擬實境專用的開發語言，開發者只需要設定好一定的邏輯框架，揮揮手臂去操控視窗，就可創造出需要的程式。幾乎所有透過電腦完成的工作都能以虛擬的方式代替。可以想像，未來我們的工作方式將被顛覆，人類在家戴上虛擬實境設備就可上班。

　　《當個創世神》是由 Mojang AB 和 4J Studios 開發的高自由度沙盒遊戲，這個遊戲可以做到即時運行超大型積體電路模型，並且提供壯觀的視覺化效果，就有玩家在遊戲中製作了可運行的電腦。這款遊戲已正式推出虛擬實境版本，在虛擬世界中進行程式設計，看起來並不是什麼難事。

　　三、電子商務：未來，我們的網購生活將融入虛擬實境。虛擬實境具備顛覆電子商務的潛力，比如開發虛擬商場或虛擬展廳來展示商品，在虛擬空間中試用商品等。虛擬實境或擴增實境技術不僅革新了行銷廣告的方式，也提升了買家的購物體驗，是未來消費者購物的新潮流。

　　四、社交功能：人與人的社交方式也將在虛擬實境時代獲得革新。文字、語音、影片等方式已不能滿足人類的社交需求，在虛擬實境世界中，社交變得更有趣、互動性也更強。這也正是 Facebook 收購 Oculus 的初心——將虛擬實境打造成新的社交平台。

　　可以想像，未來一定會出現類似《第二人生》的虛擬實境模擬社群，它們有如平行世界一樣，與我們的現實世界共存，從中可以實現你平時無法實現的夢想。虛擬世界將是我們生活不可分割的一部分，而且生活、學習、工作、戀愛等日常社交活動，也可以在虛擬實境中找到對應的方式，與老朋友見面不再只是透過影片打招呼，而是可以面

對面給他一個大大的擁抱。那時候的虛擬世界，其重要性將不亞於真實世界。

五、金融業：未來的虛擬貨幣將和真實貨幣一樣重要，虛擬世界的發展將改變原有的金融秩序，虛擬世界中的經濟甚至會影響到真實世界中的經濟。未來，虛擬銀行和虛擬實境股票大廳將會出現，金融型態和交易模式也會出現革新。

虛擬實境起步得不算久，正如電腦和手機的發展歷程一樣，虛擬實境還需要時間。不過可以預見，虛擬實境會像電腦和手機那樣，被大規模地應用於我們的生活、工作中，也許會像當今的手機產業一樣，成為我們日常的必需品。虛擬實境產業的成功需要各行各業的帶動，比如醫療、教育、旅遊、工業、建築等領域，都能借助虛擬實境技術，產生革命性的變化。「虛擬實境＋其他行業」，正如「互聯網＋」一樣即將產生多元的組合，而這也將成為虛擬實境技術的重要發展方向，未來虛擬實境會怎樣改變我們的世界，讓我們拭目以待吧！

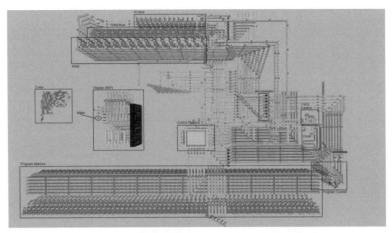

圖 7-7　在《當個創世神》遊戲中建造的電腦

8

眩暈與恐怖谷效應的風險與困境

▶ 走不出虛擬世界，判斷失準、影響生活

▶ 釋放兒童天賦，或是影響兒童發育？

▶ 視覺疲勞問題如何解決？

▶ 眩暈與噁心感如何解決？

▶ 恐怖谷效應的心理難題：要真，又不能太真

在目前的階段，虛擬實境頭戴裝置還存在很多不足之處，這些缺陷不僅降低了用戶體驗，還限制著虛擬實境的發展。

一、高昂的價格：要體驗到最佳的娛樂效果，就需要購買優秀的設備。以主流設備為例，動輒數千元人民幣的售價，再搭配一個高性能的電腦或主機、幾款周邊配件和遊戲，總花費大概要上萬元人民幣。這個價格超出了大部分人的承受範圍，構成了虛擬實境普及的最大障礙。2016年是虛擬實境技術高速發展時期，雨後春筍的品牌及產品又讓消費者更加迷惑，很難購買到合適的產品。

二、標準的缺乏：現有設備的顯示效果、互動模式、佩戴體驗各不相同，並沒有一個可行的標準，五花八門的控制器及感應器配件，讓新手玩家和老玩家都無所適從。標準缺乏的情況可能還會持續很久，統一的情況短期之內不會出現。這種現象在一定程度上增加了虛擬實境技術發展的多樣性，卻也阻礙了虛擬實境產業的市場化，我們期待更成熟的標準出現，讓開發者和消費者都能得到一致的使用體驗。

三、眩暈問題：很多人體驗虛擬實境頭戴裝置時都會感覺暈眩和噁心，眩暈問題是現階段虛擬實境亟需解決的問題，這個問題極大地影響了用戶體驗。因為眩暈，相當

一部分使用者無法正常使用虛擬實境設備，使用時長和使用體驗也因此降低。眩暈問題短期之內仍會存在，隨著硬體水準的提升和消費者自身適應能力的增強，大部分人將能克服這個困難。

　　四、對使用者健康的影響：虛擬實境對人類健康的影響會是多方面的，Oculus 曾提醒，虛擬實境眼鏡可能會對使用者的視力、平衡感和多工處理能力等產生影響。HTC Vive 和 PlayStation VR 的使用說明，都詳細介紹了使用者需要注意的問題。

　　當使用者戴上重達 600 公克左右的頭戴裝置之後，視線會被遮擋，當使用者動作過大，很可能會把設備砸壞。如果沒人在旁邊協助，使用者很有可能碰到各種障礙物，比如打碎杯子、拉扯線纜、踢到寵物、碰到牆壁等，就像閉著眼在客廳行走一樣，各種意外情況都會出現，玩個遊戲若是摔傷扭傷，那可真不值得。

　　什麼？你覺得虛擬世界很美妙，上面說的問題你一個都沒遇到？那也不代表虛擬實境沒有影響到你的健康。也許你會逐漸上癮，頭髮沒時間去洗、玩遊戲不想睡覺、還會忘記吃飯、身體也缺乏鍛鍊，這些最終都會摧殘到你的健康。

　　在虛擬實境世界中，我們的眼睛要緊盯著螢幕，難免

對視力造成影響，所以使用時間不能過長，要適當休息。虛擬實境頭戴裝置使用的透鏡是凸透鏡，千萬不要用此透鏡直視太陽，不然會損傷眼鏡。透過虛擬實境技術玩遊戲、看電影，畫面非常逼真，代入感非常強，對人的刺激也更真實，心理承受能力較弱的人不適合體驗那些刺激性較強的虛擬實境內容。虛擬實境還對人類有很多身體和精神上的未知影響，我們要重視這些潛在的危險，及時發現並更正，避免更大的損失。

任何技術的成熟都是一個漫長的過程，虛擬實境並不是洪水猛獸，以上的問題大部分都可以依靠技術解決，技術解決不了的，也可以透過其他方式減輕影響。虛擬實境還會滲透到更多的領域，它的益處遠大於弊端，就像有的醫生已經開始利用虛擬實境技術治療患者的心理疾病。不管你如何看待虛擬實境，都阻擋不了它將改變世界這個事實。

▶ 走不出虛擬世界，判斷失準、影響生活

很多玩家都發生過下面一些情況：玩遊戲太久，看東西也會看到像素點；入睡時，總能聽到遊戲的聲音；把遊戲中的術語帶到生活中，哪怕別人聽不懂；走路時，想

像著躲避路上的陷阱……。依據英國諾丁漢特倫特大學
（Nottingham Trent University）心理學家安傑麗卡・奧提茲・
德・戈塔里（Angelica Ortiz de Gortai）的研究，如果使用
者長時間穿戴虛擬實境設備，那麼他產生「遊戲轉移現象」
（Game Transfer Phenomena）的機率將更大。虛擬實境越來
越真實的畫面、越來越深的沉浸感，讓有些使用者分不清
虛擬和現實。

德國漢堡大學（University of Hamburg）的 Frank Steinicke
教授和 Gerd Bruder 教授做了一個實驗，讓一位實驗對象在
虛擬實境環境中生活 24 小時，並且每隔兩小時讓實驗對象
休息一次。實驗結果顯示，「在這次實驗中，經過一段時
間後，志願者就對虛擬世界和現實世界產生了迷惑，在看
一些物品和事件時，分不清它們究竟是出現在現實世界中，
還是出現在虛擬世界中。」

1993 年，馬克・格里菲斯博士（Dr. Mark Griffiths）就
曾在《國際網路行為、心理和學習》（*International Journal
of Cyber Behaviour, Psychology and Learning*）雜誌上發表文
章，提到了遊戲轉移現象。在文章中有一個病例：一位女
士出現了幻聽，她無法將玩過的遊戲中的音樂在腦海中停
掉。在格里菲斯的實驗研究中，參與者有各種體驗，有的
是聽覺的，有的是視覺的，還有的是觸覺的。有一位教師

的筆掉了，他下意識地去按遊戲手柄上的一個按鍵，想要把筆撿回來，就像是在玩電腦遊戲一樣。

格里菲斯對這種現象進行了分類：一種是無意識遊戲轉移現象，跟反射或古典制約幾乎相同；另一種是遊戲玩家主動將遊戲中的元素帶出來，放進自己的日常生活中。格里菲斯反對將遊戲轉移現象說得那麼嚴重，他認為遊戲玩家無法區分現實與虛擬的這種說法純粹是無稽之談。

以前，遊戲轉移現象大多是中性的，憑藉著玩家的基本判斷力，遊戲轉移並不會對人的健康造成實質影響。但虛擬實境倘若太過真實，許多遊戲元素被當做真實的，很可能讓部分玩家的判斷力失效，影響了玩家的生活。現階段，還沒有資料和證據表明虛擬實境會產生嚴重的遊戲轉移現象，但玩家也要警惕這種情形，特別是從事駕駛、機械操作工作的人，對虛擬和現實要保持敏感，避免遊戲轉移產生的負面情緒或不良的後果。

▶ 釋放兒童天賦，或是影響兒童發育？

之前三星和 Oculus 將虛擬實境頭戴設備的使用者最低年齡設定為 13 歲，但後來，Oculus 公司認為青少年的視力處於發育階段，將虛擬實境頭戴設備的限制使用年齡改為

12 歲；HTC Vive 的使用說明中也強調，兒童不宜使用虛擬
實境設備；PlayStation VR 在健康與安全說明中強調，虛擬
實境頭戴裝置不適用於 12 歲以下的兒童。對於一般兒童，
虛擬實境企業都持保守看法，不希望 12 歲以下的兒童使用
虛擬實境設備。

禁止兒童使用虛擬實境設備基於以下幾種原因：

一、12 歲以下的兒童正處於視力發育階段，長時間使
用虛擬實境設備，易引起眼睛疲勞，進而導致近視、乾眼、
頭痛等問題。

二、兒童的心智不成熟，對虛擬和現實的區分能力較
弱，更容易引發遊戲轉移現象。

三、兒童的自我克制力弱，不能控制使用虛擬實境的
時間，易引發健康問題。

四、不少虛擬實境遊戲都含有暴力、血腥、恐怖等影
響兒童認知的情節，兒童對遊戲中的虛擬情景認識不足，
可能為兒童的成長帶來難以估計的負面影響。

虛擬實境對兒童的影響也有兩面性，隨著虛擬實境的
使用範圍越來越廣，虛擬實境也會成為學校或教育機構的
輔助工具，應用到課堂上，開創全新的兒童教育方式。

如果 VR/AR 作為教育工具應用在課堂上，則將為兒童

展現一個有趣的、可互動的虛擬世界。不僅可以寓教於樂滿足孩子的好奇心，還能以創新的方式傳授知識。透過虛擬實境，國文課可以看到書中描寫的風景，歷史課可以穿越到千年前的場景中感受當時風土，英語課可以和美國的孩子坐在一起讀書，生物課可以走進微生物的世界……。在 VR/AR 技術的支援下，書本真正活了起來，兒童探索知識的方式將迎來一次全面的革新。這種技術對兒童的正面效應包括：

一、讓兒童的注意力更集中，使他們沉浸在課堂中：虛擬實境能有效吸引兒童的注意力，讓兒童在虛擬課堂中產生沉浸感，減少分心、過動症、注意力不集中的情況，讓兒童學習知識的效率更高。

二、利用虛擬實境輕鬆認知世界：以往兒童對物品的認知主要靠圖書、電視、繪本、電腦等，有了虛擬實境，孩子可以直接看到世界的真實樣貌，比如認知罕見動植物、識別蔬菜瓜果、探索世界名勝等。

三、享受探索的樂趣，釋放兒童的天性：兒童在虛擬課堂中的探索更像是一場遊戲，他們能夠在其中享受探索的樂趣和發現的喜悅，對兒童來說，學習就是遊戲本身，快樂的學習過程能夠培養孩子樂觀進取的個性，對情緒發展方面有著良好的影響。

四、讓兒童獲得更多生活體驗：在虛擬實境中，兒童可以進行多種角色扮演，獲得多種生活體驗。比如扮演交通警察、火警、醫生等職業，讓孩子認識不同的職業。利用虛擬實境，還可以進行安全健康教育，比如模擬過馬路、火災逃生、防拐騙演練、遇到困難找員警、醫院就診等情景，鍛鍊兒童的自我保護能力。

五、虛擬實境有助於規避戶外活動的風險：兒童戶外活動常會面臨很多風險，比如過馬路、盪秋千、郊遊踏青等活動都可能發生一些危險，用虛擬實境代替一部分戶外活動，可以規避一些風險。

六、解決部分兒童的健康問題：倫敦國王學院（King's College London）精神心理神經學會的 Lucia Valmaggia 博士表示，他正在研究使用虛擬實境設備如何治癒患者一些精神疾病和心理問題。這些研究也可以嘗試用在兒童自閉症、過動症的治療上。虛擬實境還有很多應用待開發使用，未來，虛擬實境還會以更多的方式改變兒童教育。

▶ 視覺疲勞問題如何解決？

虛擬實境眼鏡一般配備兩個很小的顯示器（有些是微型投影儀），分別投射到左右雙眼，為用戶創造出的立體

效果，讓用戶有了深度的錯覺。為了擁有最佳的沉浸感，虛擬實境眼鏡的顯示裝置應盡可能地覆蓋人眼的視覺範圍，除此之外，大部分眼鏡還會配備特定球面弧度的鏡片，再透過特定演算法矯正誤差，來最大化地覆蓋使用者的視覺範圍。

部分虛擬實境眼鏡還配備瞳距調節、焦距調節功能，以讓使用者獲得最佳的視覺效果。正如過度使用電視、電腦、手機等設備一樣，過度使用虛擬實境頭戴裝置同樣會對視力造成影響，這也是消費者最擔心的問題。

確切地說，長時間使用虛擬實境設備，肯定會引起部分人的視覺疲勞或眩暈噁心。這是由於使用者透過虛擬實境設備觀察圖像，特別是玩遊戲時，精神高度集中，眼睛長時間聚焦在螢幕上，眨眼次數顯著減少，從而影響淚液分泌，引起眼睛乾澀發熱，進而導致視覺疲勞。另外，虛擬實境眼鏡的螢幕是由像素點構成的，這些像素點經過放大變得格外清晰，眼睛為了看清圖像，需要眼部睫狀肌、眼外肌不停地調節，加上有時候畫面閃爍，圖像亮度對比度變化太大，增加了眼睛的負荷，進而引起眼睛疲勞。

除了以上兩種情況外，還有一種 3D 電影中就出現過的視覺輻輳調節衝突，也會導致視覺疲勞和眩暈，在虛擬實境時代，這個現象會更明顯。輻輳是指雙眼視軸的輻輳，

雙眼視線形成的夾角叫做輻輳角，如圖 8-1 所示。看不同遠近的物體時，輻輳角的大小也隨之改變，這種改變由眼部肌肉完成。

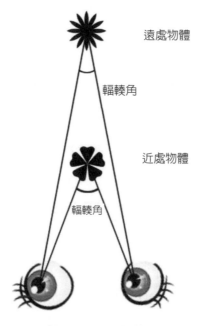

圖 8-1　視覺輻輳

　　觀看 3D 影象時，輻輳角始終不變，就會產生視覺輻輳調節衝突（Vergence-Accommodation Conflict，VAC）現象，也就是常說的調焦衝突。有研究表示，長時間觀看虛擬實境 3D 圖像，因視覺輻輳調節衝突，可能會對用戶造成諸如頭痛、眼睛疲勞、視力模糊甚至是噁心等短期症狀，並有

可能對人體造成永久性傷害。本質原因是輻輳與焦點調節的不一致,與現實中的調節原理相違背。

中國領先的眼球追蹤和眼動控制技術公司七鑫易維執行長黃通兵,曾在文章中詳細介紹過視覺輻輳調節衝突對人眼的影響:

當我們在看某一點時,雙眼轉動使視點落在視網膜上相對應的位置,看近處的物體時,雙眼通常向內看,看遠處的物體視軸會發散些,這就產生了視覺輻輳。雙眼從不同角度觀看同一物體得到的影象也會有一些差異,大腦會根據這種差異感覺到立體的影象。這也是目前 3D 顯示常用的方式。

當我們看現實中的實物時,除了視覺輻輳調節,還需要對不同距離的光進行屈光調節,將光線聚焦到視網膜上才能清晰成像。此過程中水晶體聚焦在物體的過程,叫做焦點調節。

目前的虛擬實境設備,均是透過左右螢幕顯示同一物體不同角度拍攝的畫面,利用雙眼看到的圖像偏移,來呈現立體的感覺。但是螢幕發出的光線並沒有深度資訊,眼睛的焦點就定在螢幕上,因而眼睛的焦點調節與這種縱深感是不一致的,從而產生視覺輻輳調節衝突──VAC 現象。

這種衝突是與人類日常生理規律相違背的，因此才會有視覺疲勞、眩暈感。

　　簡單來說，虛擬實境的 3D 圖像並沒有深度資訊，眼睛的焦點始終在螢幕上，這與眼睛觀察現實世界的方式是相違背的，所以才會導致視覺疲勞和眩暈。

　　知道了原因，那麼技術上能解決這個問題嗎？這就要仰賴光場顯示技術，還原物體的所有光場資訊，從而使觀賞者能夠如同身處真實世界中一樣。配備了光場技術的全景相機，可以同時捕捉到整個背景的光場，拍攝的照片可以任意改變焦點，移動視角，相當於捕捉了某個場景的全部影象。結合虛擬實境頭戴裝置，我們能在光場攝影技術拍攝出的影象裡移動，就像在真實世界中一樣。

　　另外，擴增實境眼鏡使用的投影技術，也能有效減輕視覺疲勞。比如 Google 眼鏡、Avegant Glyph、Magic Leap 等都使用了類似技術。不同的是，Google 是單眼投影，透過一個微型投影儀和半透明稜鏡，將圖像投射在視網膜上；Avegant Glyph 採用兩個獨立投影儀，採用 VRD（Virtual Retinal Display 的縮寫）虛擬視網膜技術；而 Magic Leap 採用的是光纖投影儀，使用的是 Fiber Optic Projector 技術。投影技術可以實現更為細膩逼真的 3D 效果，而且畫面直接投

影到視網膜，緩解了眼睛盯著螢幕產生的疲勞感。

Magic Leap 的原理就是依靠技術上還原物體所有的光線，完美再現物體的光場。「光場」的學術概念早在 1939 年就已提出，用於描述空間中任意點在任意時間的光線強度、方向和波長。理論上，只要完整記錄下物體的光場，再透過光纖投影儀將光場資訊傳送到視網膜上，我們就會「看見」這個物體，並認為它是真實存在的。

目前，這種技術還有待發展，現階段的建議是，使用虛擬實境設備的時間不宜過長，要定時讓眼睛休息，緩解眼睛疲勞。隨著技術的進步，虛擬實境所引起的諸多健康問題會逐漸解決，也一定能將視覺疲勞減少到可以承受的範圍內。

事實上，虛擬實境設備為部分弱視、斜視或者是鬥雞眼患者帶來了福音。Vivid Vision 公司研發了一個 Vivid Vision for Amblyopia 系統，將特別設計的遊戲配合 Oculus Rift 虛擬實境頭戴設備，使用一個 Leap Motion（體感控制器）和 XBox 控制器作為互動，來治療弱視、斜視或者是鬥雞眼。

▶ 眩暈與噁心感如何解決？

眾多虛擬實境體驗者都曾指出，使用虛擬實境設備非

常容易引起眩暈甚至噁心嘔吐。這種眩暈感非常強烈，而且有這種情形的用戶也非常廣泛，是虛擬實境及發展不可忽視的問題，那麼應該如何解決呢？

首先，我們應該來看看，眩暈是怎麼產生的呢？一般有兩種原因：一種是因為動暈症（Motion-sickness Problem）；另一種是因為視覺輻輳調節衝突。視覺輻輳調節衝突上文已經介紹過，在此不再重複，視覺輻輳調節衝突現象所引起的眩暈比較輕微，經過練習，大多數人都可以克服。這裡詳細介紹動暈症所引起的眩暈。

使用虛擬實境頭戴裝置引起的動暈症與暈車暈船很相似，據調查，中國是世界「動暈症」發生率最高的國家之一，80％的人都曾經歷過不同程度的動暈反應。可以預見，80％的人在初次體驗虛擬實境時，也會伴隨一定程度的動暈反應。

發生動暈症的原因是，人耳內的前庭系統所感受到的運動狀態和視覺系統不一致，進而引起中樞神經系統不良反應，導致眩暈噁心。總的來說，虛擬實境引起的動暈症分為三種：你的視覺看到運動，但是身體沒動，比如玩第一人稱遊戲時；你感到自己在運動，但是視覺中自己沒動，比如暈車暈船時；你感覺到的運動狀態和看到的運動狀態不一致，比如坐雲霄飛車速度過快時。

虛擬實境引起的動暈症也分兩種情況：一種是身體的運動狀態與觀測到的運動狀態不一致；另一種是頭部運動與視覺觀測到的圖像不一致。

第一種很好理解，就是視覺上看到運動，但是身體沒動引起的動暈症。要減輕這種狀況有幾種有效的辦法：讓身體相應地運動起來，比如 HTC Vive 利用 Lighthouse 燈塔定位技術，讓玩家有機會在房間中走動，或者利用全方位跑步機讓身體跟隨畫面運動。

40％以下的人是因設備而暈，60％以上的人是因內容而暈，若不體驗動作太大、太刺激或處於運動狀態的遊戲，可以避免引發動暈症；長期訓練，適應之後可以減輕動暈症狀；吃暈車藥也可以減少動暈症的發生。另外，三星還推出了一種技術，使用 Entrim 4D 耳機，透過電刺激玩家的內耳，造成自己正在運動之中的錯覺，從而減少動暈症發生機率。

第二種稍微複雜，可以這樣理解：人的頭部和眼球的運動很快，對畫面的變化也很敏感，如果虛擬實境有畫質太差、視野太小、畫面變形、畫面延遲等情況，極有可能轉個頭都會引起眩暈，這種情況可以依靠技術去改善，例如：

一、**擴大視野，減少畫面變形**：目前虛擬實境設備的入門視野範圍是 95 度，大部分設備都能滿足。而畫面變形主要分布在視線邊緣，現階段若透過特定的演算法，可以

將變形降到可接受的範圍。

二、減少畫面延遲：研究表明，虛擬實境設備要求延遲在 20ms 以內，虛擬實境頭戴裝置的畫面更新率應該超過 90Hz，才能提供較好的顯示效果。要把延遲降低到 20ms，不僅需要虛擬實境設備配備更高精確度的慣性陀螺儀，還需要運算層能夠快速渲染出視野中的畫面，並以最快的速度傳輸到人眼中。在 2016 年 GTC 技術大會（GPU Technology Conference）上，輝達宣布，他們的新技術能讓更新率達到 1700Hz。輝達研發部門副總裁大衛・盧克（David Luebke）說：「如果你能將這個技術應用在虛擬實境顯示上，這個級別的超低延遲將讓一切保持磐石般的穩定，屆時顯示螢幕將不再是引發延遲的根源，我們可以認為這就是零延遲顯示了。」

未來，隨著技術成熟，眩暈問題終將被克服，希望動暈症不再是阻礙消費者的絆腳石，科技會讓更多人體驗到虛擬實境的奇妙世界。

▶ 恐怖谷效應的心理難題：要真，又不能太真

虛擬實境擁有無與倫比的沉浸感，讓用戶在看恐怖電影或玩恐怖遊戲時，恐怖情節變得異常可怕，甚至會感覺

威脅到用戶的生命，這也是虛擬實境廠商提醒有不良精神病史，或對某些真實生活場景有不良心理反應的用戶，避免佩戴虛擬實境頭戴裝置查看此類內容的原因。在看普通恐怖電影時，你與那些恐怖的事物隔著一個顯而易見的螢幕，你只要擔心那些突如其來的恐怖橋段即可。

而虛擬實境不同，恐怖環繞在你的周圍，威脅來自四面八方，再配合 360 度的環繞音效，你不知道哪個方向會出現一聲慘叫，哪個位置會冒出一個恐怖事物，身處其中難免受到嚴重驚嚇。恐怖遊戲同樣如此，再資深的玩家，一旦進入虛擬實境中的恐怖遊戲，都抵擋不了來自遊戲的駭人感受。以往那個在《殭屍圍城》（*Zombie Siege*）遊戲中，認為即使死了大不了重來的你，在虛擬世界也會變得無比小心，因為一切都太真實，你不知道面前會突然跳出什麼，也不知道轉身時會看到什麼。但我們這裡要談的不是這種直接的恐懼，而是另一種更深層的心理恐懼。

「恐怖谷」（Uncanny Valley）一詞由 Ernst Jentsch 於 1906 年的論文〈恐怖谷心理學〉（On the Psychology of the Uncanny）中提出，而他的觀點在西格蒙德・佛洛伊德（Sigmund Freud）1919 年的論文〈恐怖谷〉（The Uncanny）中被闡述，因而成為著名理論。恐怖谷理論最早是在機器人、3D 電腦動畫和電腦圖學領域存在的一個假設，包括機

器人、虛擬人類、虛擬動物及常見的虛擬物品等。

　　以機器人為例，1969年，日本機器人專家森政弘（Masahiro Mori）提出一個假設，他認為，人形玩具或機器人的擬真度越高，人們對其越有好感，但當達到一個相像度——95％的臨界點時，這種好感度會突然降低，相似度越高，人們越反感恐懼，直至谷底，稱之為恐怖谷。

　　與人類過於相像的機器人，哪怕與人類還是有一點點差別，都會顯得非常顯眼刺目，讓整個機器人顯得非常僵硬恐怖，讓人有面對行屍走肉的感覺。可是，當機器人的外表和動作與人類的相似度繼續上升的時候，人類對他們的情感反應亦會變回正面，貼近人類與人類之間的移情作用。

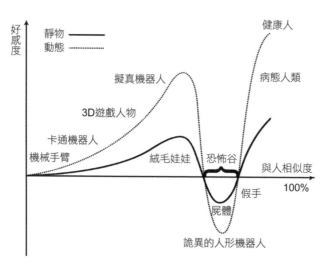

圖 8-2　恐怖谷理論示意圖

　　在虛擬實境世界中，畫面呈現的人類或物品，也在技術不斷更新之後，與真實世界越發相像，當達到一個閾值時，恐怖谷現象就會產生，我們常用的一種描述是「真實得讓人不安」。

　　在虛擬實境世界中，我們與虛擬人物的互動變得很「真實」，這種感覺很微妙。一方面，我們獲得了真實的心理體驗，這是一種正向的作用，也是虛擬實境的特點，但這也會產生一些負面的心理。正因為知道這是虛擬的，所以我們在心理上會抵抗這種「虛擬的真實感」，進而產生不安的感覺。一位記者在描述體驗 PlayStation VR《夏日課堂》（*Summer Lesson*）的 Demo 時，就描述了這樣一種感覺：

　　我沒想到在《夏日課堂》中也會經歷同樣不愉快的體驗，遊戲設定中你是一位老師，為一個可愛的女學生提供私人輔導課程。

　　「老師，這個單字怎麼念？」

　　故事開始的發展是相當不錯的，女學生就坐在你身邊讀課文。你可以選擇在床上教一個日本學生學英語，或是在海邊小屋教一個美國學生學日語。在某個時刻，兩個場景中都會有，這個學生會靠得非常近，然後問：「老師，這個單字怎麼念？」然後她把書抬到你面前，以一種非常

親密的姿態靠著你。

　　我的心跳在加速。這種體驗讓我突然感受到，如果在現實生活中一個陌生人離得那麼近的緊張感，我都能感覺到她的呼吸。這種場景持續了幾分鐘，這個學生似乎靠過來拿什麼東西，或者靠在你耳邊輕聲細語地說話。

　　要注意，這並不是呆呆地盯著一個虛擬的女性看。遊戲中的所有人穿著都很得體。沒有人穿比基尼，也沒有人從裙子下面偷看，沒有任何那種場景出現，不是那種猥瑣的色情遊戲。但是很顯然，它裡面充滿了情欲。它本該就是這樣的。

　　《夏日課堂》的精髓就在於，它如何闡明虛擬實境的強大力量，不僅把你傳送到另一個地方，還對你所看到的東西創造了真實的情感反應。《夏日課堂》遊戲裡的女性不需要穿得很性感、談論關於性的話題，或者靠在你旁邊做一些超出傳統社會習俗允許的事情。

　　這種細微的互動中蘊藏著巨大的力量。它強調的是讓虛擬實境遊戲變得如此令人興奮的一個違反直覺的事實：除了操縱你的感官，讓你沉浸在超現實中之外，虛擬實境真正的能力在於，它能夠讓這種親密感如此真實，令人感到很不安。

　　虛擬人物越真實，我們就越警惕，當他們長相極為像人、卻表現得與真實的人類有差別時，我們就有可能產生厭惡、驚慌的情緒，這就是恐怖谷效應。一些虛擬實境遊戲中製作的 3D 人類面孔，也會讓人感到毛骨悚然，哪怕它只是個兒童或者布偶娃娃。

　　恐怖谷的成因有各種解釋，大致可以劃歸兩個陣營。第一個陣營認為恐怖谷效應是人類長期進化的產物，是人類對不正常個體的本能迴避反應，以此來保護自己。虛擬人物雖然擁有人類的面孔，但是它們的面部表情僵化，動作不協調，行為舉止也十分怪異，很容易讓人聯想到疾病或死亡，進而對其產生排斥心理。

　　另一個陣營則認為，恐怖谷源於我們基本的認知加工過程，是預期和現實之間不一致所造成的認知和情緒的綜合反應，類似認知失調。人類會根據經驗預測生活中的現象，當我們面前出現一個外表與人類相似的「虛擬人」或「機器人」時，我們會預測他的動作和行為，當他表現得與我們的預測相去甚遠時，我們的大腦就需要做額外的工作來調和這種衝突，這部分額外的工作，可能就是我們感到不適的原因。

　　另一方面，部分人類對「虛擬人」或「機器人」有一種本能的排斥心理，無法與他們共處。我們希望他們為我

們服務，但我們不希望他們擁有更多自主的意識或太過真實的情感，想像一下，如果機器人可以洞悉我們的情感，揣摩我們的思想，我們會是怎樣的感覺？大多數人會覺得恐慌、不安全，被「陌生人」洞悉總是讓人感到恐懼。

　　恐怖谷效應在虛擬實境中是很難消除的，這也是它被當成恐怖元素融入恐怖作品中的原因。在內容廠商製作虛擬實境電影或遊戲時，也要充分考慮恐怖谷效應的影響，不必追求人物和場景的過度逼真，有時卡通比真實更有趣。

9

虛擬實境即將顛覆
十大產業

▶ 型態的未來：主題公園與體驗館之爭

虛擬實境體驗館包括兩種型態：一種是大型虛擬實境主題公園、虛擬實境遊樂場或專業虛擬實境網咖；另一種是類似電子遊樂場那樣，開設在人潮密集處的小型虛擬實境體驗館。

不少業內人士認為，要體驗到絕佳的虛擬實境效果，就需要配備最好的電腦、使用最好的設備，透過各種感測器將虛擬實境和真實世界結合起來，才能提供最佳的虛擬實境體驗。的確，這正是現階段虛擬實境發展面臨的問題，沒有好的配套設施，玩家在展廳裡很難體驗到最好的虛擬實境效果。

以 The Void 為例，它不是一個頭戴顯示器，而是一整套娛樂設施。其創辦人肯·布雷特施奈德（Ken Bretschneider）自掏腰包，研發虛擬實境穿戴設備，包括頭戴裝置、馬甲、手套等。2016 年 2 月 15 日在溫哥華開幕的著名創意分享大會 TED（Technology, Entertainment, Design 的縮寫，即技術、娛樂、設計）2016 年會上，The Void 也來到了 TED 的現場。虛擬實境與擴增實境已成為本屆 TED 的重要內容，本次大會有 10 個以上與虛擬實境技術相關的分享活動。

圖 9-1　TED 大會現場的 The Void 體驗中心（來源：TEDBlog）

　　本屆大會名人雲集，微軟創辦人保羅・艾倫（Paul G. Allen）、比爾・蓋茲（Bill Gates）、Google 聯合創始人賴瑞・佩吉（Larry Page）、謝爾蓋・布林（Sergey Brin）、DSP 創辦人尤里・米爾納（Yuri Milner，Facebook 早期大股東，阿里巴巴、京東和騰訊的投資者）、亞馬遜創辦人傑夫・貝佐斯（Jeff Bezos）、美國前副總統艾爾・高爾（Albert Arnold "Al" Gore）、大導演史蒂芬・史匹柏、《星際大戰》主演哈里森・福特（Harrison Ford）、《阿凡達》的導演卡麥隆，以及 Netflix、優步（Uber）、Airbnb 等公司的創辦人和執行長等均來到了 TED 大會現場。被稱為「地

表最強娛樂設施」的 The Void 被邀請作為虛擬實境的代表企業，在會場內搭建了唯一的一個虛擬實境體驗中心。

上述嘉賓和現場觀眾大部分都親身體驗了 The Void 的奇妙虛擬實境世界，據了解，微軟、索尼、環球影城、夢工廠、迪士尼、Google 等公司都已在和 The Void 探討合作和投資。體驗過 The Void 的人無不對其讚不絕口，據美國媒體報導，史蒂芬‧史匹柏在體驗後表示：「這是我做過最棒的虛擬實境體驗！」

就目前來講，The Void 在虛擬實境遊戲裝備上還算齊全，而且大部分設備均使用無線傳輸，方便使用。最大特點是，The Void 利用「重定向行走」（Redirected Walking）技術，讓用戶可以在很小的空間體驗到無限的虛擬世界。

The Void 的主要作用就是體驗遊戲，虛擬實境遊樂場則多用來體驗一些特定設施，比如雲霄飛車等。專業的虛擬網咖目前還沒有成型的案例，現階段所謂的「虛擬網咖」只不過是配備了虛擬實境眼鏡，或搭建了虛擬實境設施的小型體驗場所，並不具備規模。

另外一家著名的虛擬實境主題公園 Zero Latency 位於澳大利亞的墨爾本，Zero Latency 於 2015 年 8 月開業。Zero Latency 是目前世界上最成熟的虛擬實境遊戲中心之一，透過 PlayStation Eye 鏡頭及虛擬實境設備，完成玩家定位和互

動，體驗 1 小時的價格為 88 澳元，其遊戲模式是 6 位玩家佩戴虛擬實境設備，在 400 平方公尺的場地內共同完成遊戲任務。

在中國，網咖是遊戲愛好者的首要聚集地，將虛擬實境引入網咖，無疑是普及虛擬實境技術的最佳方式。但設備的使用成本高、占用場地大以及內容的不足，也制約著虛擬網咖的發展。

與體驗館相較，「客廳式」的虛擬實境是不是虛擬實境的主要發展方向呢？客廳虛擬實境即個人虛擬實境，購買一套屬於自己的虛擬實境設備放在客廳，任何時候想玩就玩，看電影、玩遊戲隨心所欲，沒有時間限制也沒有內容限制，只要你想，沒有什麼不可以。這正是許多遊戲玩家和科技愛好者的願望，隨著各類虛擬實境產品的誕生，虛擬實境的確走進了更多家庭的客廳。

但是，現階段的虛擬實境還有很多不完善的地方，在客廳體驗虛擬實境並不如想像中美好。不過未來，虛擬實境必將向客廳化轉變，正如電腦、遊戲機的發展軌跡，虛擬實境也會走進千家萬戶，成為眾多家庭的配備。

綜合以上資訊，筆者認為：短期內，虛擬實境體驗館仍是大眾體驗虛擬實境的主要方式，而能夠忍受虛擬實境諸多缺點的科技和遊戲愛好者，也會作為虛擬實境客廳化

的急先鋒，成為家庭虛擬實境的第一批嘗鮮者。

　　長遠來看，小型的虛擬實境體驗館將被逐漸淘汰，類似 The Void 的大型虛擬實境主題公園將是虛擬實境高階體驗場所的代表，獲得更大的發展，甚至成為類似「迪士尼」那樣的大型主題公園。它能提供最優質的虛擬實境體驗，並且彌補客廳式虛擬實境的不足。就像我們明明可以透過手機、電視看電影，但是電影院仍然會以內容優勢吸引觀眾。而客廳式虛擬實境將越來越普及，虛擬實境會像電腦、遊戲主機一樣，成為新的家庭娛樂中心。

▶ 技術的未來：地表模擬與動態分析

　　虛擬實境與模擬技術是相通的。模擬技術是一門多學科的綜合性技術，它以控制論、系統論、相似原理和資訊技術為基礎，以電腦和專用設備為工具，利用系統模型對實際或假設的系統進行動態試驗。虛擬實境技術可以依靠電腦生成具有沉浸感的模擬環境，為參與者生成視覺、聽覺、觸覺等各種感官資訊，是模擬技術領域的重要工具。

　　1950 年代和 1960 年代，模擬技術主要應用於軍事、航太航空、電力、化工以及其他工業工程技術領域。虛擬實境最早也是被應用於國防軍事模擬領域，將先進的模擬技

術、虛擬實境技術與網路技術相結合，由真實裝備和電腦系統生成虛擬模擬環境，不僅可以用於部隊訓練，還可以用於武器研發測試。

在航空航太領域，美國 NASA 和歐洲太空總署（ESA）都積極推動虛擬實境在航空航太領域的應用，比如對太空船的研發、太空站的自由操縱、哈伯望遠鏡維修以及火星地表模擬等項目。虛擬實境不僅能仿真復刻出真實的環境，還能模擬出不存在的環境供研究使用。

利用虛擬技術可對模型進行各種動態分析，比如波音 777 飛機就是採用虛擬實境技術設計成功的，其飛機上的 300 萬個零件及整體設計是在幾百台工作站組成的虛擬環境系統上完成的，乃 100％數位式設計，是近年來引起科技界矚目的一項工程。

圖9-2 波音官網波音 777 頁面

在建築施工領域，虛擬實境可以實現建築物、室內設計、城市景觀、城市規劃、物理環境、防災和歷史性建築的模擬，比如荷蘭恩荷芬理工大學（Technische Universiteit Eindhoven）Calibre 研究院設計的美國洛杉磯和費城的虛擬建築 3D 模擬系統，被認為是全球領先的虛擬建築系統之一。

現代模擬技術不僅應用於軍事、工業領域，而且日益廣泛地應用於社會、經濟、生物等領域，如環境汙染防治、交通控制、城市規劃、資源利用、經濟分析和預測、人口控制等。許多系統問題很難在真實環境中測試，使用仿真技術來研究這些系統就具有重要的意義。虛擬實境技術的成熟，將增加模擬的真實性和互動性，並推動模擬技術向民生領域擴展。

▶ 智慧的未來：當 VR 遇上 AI

虛擬實境和人工智慧是科技領域具有代表性的兩大龍頭，近幾年在各種科學研究機構和科技公司的努力下，這兩大龍頭的發展尤其迅猛，曾經遙遠的夢想變得觸手可及，並開始逐漸走進我們的生活。

我們會對新科技的發展持有擁抱歡迎的態度並欣然接

受它們，並為在有生之年見證這兩個曾經遙不可及的科技夢想成為現實而自豪。如果有人問你，給你一次穿越的機會，你會穿越到哪個年代，是盛世唐朝、風靡古裝劇的清朝，抑或是其他年代？說實話，筆者會毫不猶豫地選擇穿越到未來，讓我去感受人類科技的發展，一窺未來世界的樣子。

先不說未來，你能想像得出 10 年後的世界會是什麼樣子嗎？近幾年，人類科技的發展程度，呈現指數性的爆炸式增長，未來學家雷‧庫茲威爾（Ray Kurzweil）把這種人類的加速發展稱作「加速回報定律」（Law of Accelerating Returns），一個發達的社會，能夠繼續發展的能力更強，發展的速度也更快。

雖然他的理論並不一定是科技未來真正的趨勢，但仍可以從中體會到科技進步的速度。正如我們能時時領略到資訊技術的快速發展，摩爾定律認為全世界的電腦運算能力每 18 個月就翻一倍，事實也與此差不多，資訊技術、虛擬實境和人工智慧等科技作為人類科技的結晶，它們的蓬勃發展即代表著所有基礎科學的發展。

人工智慧是研究開發用於模擬、延伸和擴展人的智慧的理論、方法、技術及應用系統的一門新技術科學。人工智慧是電腦科學的一個分支，它企圖了解智慧的本質，並

生產出一種能以與人類智慧相似的方式做出反應的智慧機器，該領域的研究包括機器人、語言識別、圖像識別、自然語言處理和專家系統等。

人工智慧是對人的意識與思維過程的模擬，被稱為 21 世紀三大尖端技術之一（三大技術分別為：基因工程、奈米科學、人工智慧）。人工智慧並不單指機器人，機器人只是人工智慧的一種形式，人工智慧有時並沒有實體，它只是一個程式或代碼，儲存於電腦、手機、伺服器或雲端中，包括前面介紹的語音機器人微軟小娜、微軟小冰、蘋果 Siri、百度度秘（如表 9-1 所示）以及工廠裡的機械手臂、警用除爆機器人、汽車自動駕駛程式、Google AlphaGo 圍棋程式等。

表 9-1　四款語音機器人的比照

名稱	微軟小娜 （Cortana）	微軟小冰	Siri	度秘 （Duer）
所屬公司	微軟	微軟	蘋果	百度
成立時間	2014.7.30	2014.5.29	2007	2015
適用平台	★★★	★★★★	★	★★★
智慧程度	★★★★	★★★★	★★★	★★★
作者推薦	★★★★	★★★★★	★★	★★

人工智慧按能力可以分成弱人工智慧和強人工智慧兩類：

一、弱人工智慧（TOP-DOWN AI）：弱人工智慧只擁有一項或一類特定功能，並不具備自主邏輯推理能力，比如機械手臂、AlphaGo 圍棋人工智慧程式等。

二、強人工智慧（BOTTOM-UP AI）：能透過圖靈測試，有推理能力，並能解決問題的人工智慧。它可能有趨近於人的知覺和意識，或者產生了與人完全不一樣的知覺和意識，使用與人完全不一樣的推理方式。

弱人工智慧更像是工具，而強人工智慧具備了意識和個性。弱人工智慧已經融入我們的社會，成為我們最得心應手的工具；強人工智慧卻陷於瓶頸，發展停滯。

電腦科學家唐納德·克努斯（Donald Knuth）說：「人工智慧已經在幾乎所有需要思考的領域超過了人類，但是在那些人類和其他動物不需要思考就能完成的事情上，還差得很遠。」人工智慧可以輕易計算出複雜的數學題或戰勝象棋世界冠軍，但仍然無法產生真亂數或理解人類的情緒。

科技的發展速度超乎想像，有科學家預計，30 年內我們就能見證強人工智慧的出現，不過在此之前，弱人工智慧已經改變了我們社會的運作方式，機器和電腦正在逐漸代替人類去從事部分工作，並將工作變得自動化和智慧化，

推動了社會的發展。

虛擬實境和人工智慧在科幻電影中時常相伴出現，比如《駭客任務》、《雲端情人》（Her）、《時空悍將》（Virtuosity）、《我的機器人女友》等。現階段人工智慧一般奠基於大數據和演算法，在足夠大的數據和複雜的演算法下，人工智慧也可能產生自己的個性或感情，但是這種基於數據產生的感情與人類的感情模式肯定也是不同的。

就像科幻電影《雲端情人》中，人工智慧進化出的感情觀顯然與人類的理解是不同的。虛擬實境和人工智慧都是高科技的代言人，也是未來世界的雛形，這也正是很多影片把它們連結在一起的原因。雖然人工智慧和虛擬實境技術會帶來一些潛在威脅，但相信科技的積極成效遠大於其消極影響。人工智慧和虛擬實境究竟會讓人類走向永生還是滅亡，決定權仍在人類手中。

▶ 產業的未來：會被虛擬實境顛覆的 10 個產業

這裡所說的顛覆是一種革新意義上的顛覆，並不是完全的取代。這 10 個產業包括：

一、遊戲娛樂：虛擬實境可以把玩家置入到一個沉浸式的虛擬世界中，這種技術將極大地提升遊戲體驗。遊戲

的開發理念、設計理念都會發生徹底的改變，形成一種顛覆性的革新。虛擬實境技術第一個成熟的市場即是遊戲娛樂產業，核心的遊戲玩家們對虛擬實境也十分熱衷，他們將成為推動虛擬實境技術發展的第一批用戶。

據估計，30％以上的 PlayStation 和 Xbox One 玩家有意購買高性能的虛擬實境設備，隨著技術普及，這個數字還會上升。鑑於虛擬實境頭戴裝置對主機或電腦的性能要求很高，較先進的城市將會是虛擬實境首先普及的地區。2015 年，全球手遊市場規模達到了 350 億美元，首次超過遊戲主機市場。目前，手機遊戲和虛擬實境遊戲仍存在一定的競爭關係。據高盛預測，2020 年，虛擬實境遊戲玩家數量將達到 7000 萬，2025 年，虛擬實境遊戲玩家數量將達到 2.16 億。

二、影視影片：與遊戲娛樂相似，影視業將會是被虛擬實境衝擊的第一波市場。導演擁有了一種全新的說故事媒介，觀眾也獲得了一個觀看電影的新方式。高盛預測，2025 年，虛擬實境影視業市場總額將達到 32 億美元。成人內容作為虛擬實境的先鋒也已取得出色的成績，未來虛擬實境電影和電視的形式會越來越豐富，甚至會顛覆整個影視產業。

比如說，電視台可以舉辦虛擬實境綜藝節目，改變電

視節目的製作方式。電影可以擁有超多的視角，根據觀眾的選擇變化不同的視角，甚至電影的劇情和長度也會根據觀眾的介入發生變化，有如觀眾成為受邀來賓。虛擬實境技術能讓觀眾沉浸在電影當中，那時候的電影將更真實，給觀眾的衝擊將更大。虛擬實境科技的飆速發展讓人非常興奮，終有一天，我們看電影將會變為與電影互動，觀眾不僅能處於電影劇情的中心，選擇不同的視角，甚至還可以去影響劇情發展，左右主角的命運。

三、互動直播：類似NextVR的直播公司將會越來越多，直播的內容觸及度也將更廣。NextVR公司的直播內容主要是體育賽事，這是一種剛性的需求。因為場地等原因所限，不是每個人都能到比賽現場享受比賽的樂趣，這也正是直播產業的意義所在，讓更多的人體驗到競技的激情。虛擬實境的出現將讓直播的效果更逼真，臨場感更好。即便是演唱會、戶外活動、新聞事件、遊戲競技、個人表演等小型活動，都可以進行互動直播。

四、電子商務：阿里巴巴旗下著名的購物網站淘寶網，在2016年4月1日發表了一個「Buy+」影片，向世人展示了利用虛擬實境技術改進購物體驗的構想。現階段，運行在手機上的虛擬實境程式，肯定不具備如此豐富的互動功能，影片中提到的幾個技術也只是杜撰的名詞而已。不過，

正如「Buy+」所構想的那樣，虛擬實境具備顛覆電子商務的潛力，比如開發虛擬商場或虛擬展廳來展示商品，在虛擬空間中試用商品等。虛擬實境或擴增實境技術不僅革新了行銷廣告的方式，也提升了買家的購物體驗，是未來消費者購物的新潮流。

五、醫療保健：虛擬實境和擴增實境不僅可以用來輔助醫生工作，還可以用來治療恐懼症、自閉症等心理疾病以及遠端影片診斷等。虛擬實境設備還可以用來進行患者監測，依靠各類感測器技術，輔以專業軟體，虛擬實境在醫療保健產業將會有一定的成效。在醫院的環境中，患者容易焦慮，虛擬實境強大的互動功能，將讓患者康復過程變得輕鬆愉快，患者可以在遊戲中進行鍛鍊、運動，愉悅了心情又恢復了身體。

六、建築設計：工廠設計、城市規劃、建築設計、景觀建設、景區規劃、場館設計、道路橋樑設計等等與規劃設計有關的產業，都會因虛擬實境技術的發展得到革新。

七、社交平台：人與人的社交方式也將在虛擬實境時代獲得革新。文字、語音、影片等方式已不能滿足人類的社交需求，在虛擬實境世界中，社交變得更有趣、互動性也更強。這也正是 Facebook 收購 Oculus 的初心：將虛擬實境打造成新的社交平台。可以想像，未來一定會出現類似

《第二人生》的虛擬實境模擬社群，他們好似平行世界一樣與我們的現實世界共存，從中你可以實現第一人生你無法實現的夢想，用另一個截然不同的自己去交朋友！

圖 9-3 《第二人生》已嘗試與虛擬實境連結

八、旅遊美食：使用虛擬實境技術，可以讓遊客更直觀地了解景點資訊，大幅豐富了旅遊資訊化的內容。虛擬實境技術可以讓未來更近了一點，不僅減少了出遊的風險和負擔，還能為遊客提供不限時間的細緻旅行體驗。

九、房地產與修繕裝潢：在房地產產業，虛擬實境從

規劃設計到行銷推廣都可以被利用。虛擬實境能用於社區規劃、樓房設計、建築裝潢中，顧客可以第一時間「親臨現場」，看到規劃和裝修的效果。虛擬實境看房技術可以應用到房產行銷中，無論是新房、二手房還是出租房，顧客都可以遠在千里之外考察自己想要購買或租賃的房產。顧客還可以根據喜好在房屋中建構裝修後的效果，從而減少決策成本。

十、文化教育：虛擬實境和擴增實境毋庸置疑會被應用到教育中，傳統的聽說讀寫教育方式將會徹底被顛覆。遠端教育、互動教育將會越來越普及，學生只需戴上頭戴裝置，就可以穿越到任何名師的課堂學習知識，還可以與老師一對一互動。

▶ 虛擬實境的未來：更普及、更便利、更多商機

據高盛在 2016 年 1 月 13 日發表的《VR/AR，解讀下一個運算平台之爭》的虛擬實境產業報告，該市場總額到 2025 年將會達到 800 億美元，其中 450 億美元為硬體收入，350 億美元為軟體收入。相比之下，2025 年全球平板電腦市場的預期營收是 630 億美元、桌上型電腦市場的預期營收是 520 億美元、遊戲機市場的預期營收是 140 億美

元（如圖 9-4 所示）。

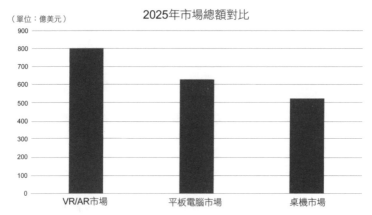

圖 9-4　2025 年 VR/AR、平板電腦和桌上型電腦市場對比（預測）

　　高盛集團認為，擴增實境技術所面臨的挑戰更高，虛擬實境成功的可能性比擴增實境要大，而基於標準預期模式，未來該市場軟體方面的營收，75％將來源於虛擬實境。但擴增實境能夠實現虛擬與現實相結合的應用，這是虛擬實境做不到的範疇。

　　報告中稱，在過去的 2014 到 2015 兩年裡，虛擬實境和擴增實境領域共進行了 225 筆風險投資交易，投資總額為 35 億美元。尤其是全球各大企業，比如微軟、索尼、Facebook、Google、三星、HTC 的力推，這個市場極可能成會下一代運算平台，像電腦和手機的出現一樣影響深遠。隨著規模經濟的形成，虛擬實境硬體成本會顯著下降，大

廠商的競爭也會降低硬體設備的平均價格，大概每年下滑5％到10％左右。

2014年，NPD Group報告稱，PlayStation、Xbox、PC、Mac平台每週遊戲時間超過22小時的核心玩家數約為3400萬人。高盛據此推測，這些核心玩家將是虛擬實境設備的潛在使用者，而索尼PlayStation平台因其平台優勢和價格優勢，將會成為虛擬實境設備普及的早期推力。高盛還預測，虛擬實境頭戴裝置設備作為大尺寸虛擬螢幕，可以增強影片的觀看體驗，補充電視的不足，在標準預測模式下，2020年虛擬實境頭戴裝置設備在大螢幕電視市場中的普及率將達到8％。

高盛還對虛擬實境和擴增實境技術被消費者採用的速度進行了預測：與智慧手機和平板電腦業務相比，這兩種技術被消費者所採用的速度會比較慢，它們需要更長的時間才能被消費者接納。總的來說，高盛集團對虛擬實境和擴增實境市場充滿信心，這也是大部分投資企業和科技企業的共識。長遠來看，虛擬實境和擴增實境設備的使用會變得更方便，甚至取代電腦和手機。

從百度指數可以看出虛擬實境的未來趨勢。在百度指數中，以「VR」為關鍵字查詢，其整體趨勢如圖9-5所示。從圖中可以看出，2011到2014年間，「VR」還屬於沉默

階段，並不為大眾所知；從 2014 年開始，「VR」逐漸被人
所提及，關注度略有增加，這種情況一直持續到 2015 年上
半年，搜尋指數達到了 2,600 點；從 2015 年下半年開始，
「VR」概念開始爆發，在 2016 年 4 月迎來了新高，搜尋指
數達到了約 35,000 點，媒體指數達到了約 760 點。「VR」
搜尋指數同比上漲 1000％（10 倍）以上，環比上漲 77％。
從百度指數可以看出，虛擬實境仍會越來越受到關注，整
體趨勢呈急速上升態勢。

圖 9-5　VR 整體趨勢研究（資料來源：百度指數）

百度指數還展示了一些其他資訊，比如「VR」的搜尋
區域排名（如圖 9-6 所示），華東排行第一，華北華南緊隨
其後，這也反映出，虛擬實境會在經濟發展較佳的地區擴
張得更快。

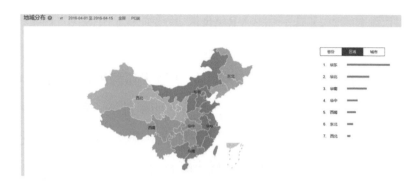

圖 9-6　虛擬實境搜尋地域分布（資料來源：百度指數）

　　目前，關注虛擬實境技術的人群主要為 20 到 39 歲的年輕人和中年人，其中男性占 80％左右，女性占 20％。這個資料一方面體現了一般網路使用者的年齡和性別分布，另一方面反映出虛擬實境更受 20 到 39 歲男性消費者關注。

圖 9-7　虛擬實境搜尋人群屬性（資料來源：百度指數）

　　VR/AR 可以應用的領域十分豐富，本書所能表述的僅是九牛一毛而已。虛擬實境是一種具有劃時代意義的技術，

作為下一代運算平台，VR/AR 將滲透到我們生活中任何一個想像不到的細節。

　　虛擬實境和人工智慧有可能成為人類最酷炫的消費科技，它們能做的不是改變這個世界，而是創造一個新世界。曾經遙遠的夢想變得觸手可及，並逐漸開始走進我們的生活中，相信它們就是我們這代人能看到的未來。

國家圖書館出版品預行編目資料

虛擬實境狂潮：從購物、教育到醫療，VR/AR商機即將顛覆未來的十大產業！/ 曹雨著. -- 初版. -- 臺北市：商周出版：家庭傳媒城邦分公司發行, 民105.10
　　　面；　　　公分. --（新商業周刊叢書；BW0614）

ISBN 978-986-477-105-9（平裝）

1. 網路產業　2. 虛擬實境　3. 產業發展　4. 趨勢研究

484.6　　　　　　　　　　　　　　　　　　　　　105016989

新商業周刊叢書　BW0614

虛擬實境狂潮：從購物、教育到醫療，VR/AR商機即將顛覆未來的十大產業！

原 文 書 名／虛拟现实：你不可不知的下一代计算平台
作　　　者／曹雨
企 畫 選 書／黃鈺雯
責 任 編 輯／黃鈺雯
版　　　權／黃淑敏、林宜薰、翁靜如
行 銷 業 務／周佑潔、石一志

總 經 理／彭之琬
發 行 人／何飛鵬
法 律 顧 問／台英國際商務法律事務所　羅明通律師
出　　版／商周出版
　　　　　台北市中山區民生東路二段141號4樓
　　　　　電話：(02) 2500-7008　傳真：(02) 2500-7759
　　　　　E-mail：bwp.service@cite.com.tw
　　　　　Blog：http://bwp25007008.pixnet.net/blog
發　　　行／英屬蓋曼群島商家庭傳媒股份有限公司城邦分公司
　　　　　台北市中山區民生東路二段141號2樓
　　　　　書虫客服服務專線：(02)2500-7718‧(02)2500-7719
　　　　　24小時傳真服務：(02)2500-1990‧(02)2500-1991
　　　　　服務時間：週一至週五09:30-12:00‧13:30-17:00
　　　　　郵撥帳號：19863813　　戶名：書虫股份有限公司
　　　　　讀者服務信箱E-mail：service@readingclub.com.tw
　　　　　歡迎光臨城邦讀書花園　　網址：www.cite.com.tw
香港發行所／城邦（香港）出版集團有限公司
　　　　　香港灣仔駱克道193號東超商業中心1樓
　　　　　Email：hkcite@biznetvigator.com
　　　　　電話：(852)2508-6231　　傳真：(852)2578-9337
馬新發行所／城邦(馬新)出版集團 【Cite (M) Sdn. Bhd.】
　　　　　41, Jalan Radin Anum, Bandar Baru Sri Petaling,
　　　　　57000 Kuala Lumpur, Malaysia
　　　　　電話：(603)90578822　　傳真：(603)90576622
　　　　　Email：cite@cite.com.my

封 面 設 計／黃聖文　內文設計排版／唯翔工作室　印　　刷／鴻霖印刷傳媒股份有限公司
總 經 銷／聯合發行股份有限公司　　電話：(02)2917-8022　　傳真：(02)2911-0053
　　　　　地址：新北市231新店區寶橋路235巷6弄6號2樓

■ 2016年(民105年)10月初版　　　　　　　　　　　　　　Printed in Taiwan

定價／380元　　版權所有‧翻印必究　ISBN　978-986-477-105-9

城邦讀書花園
www.cite.com.tw